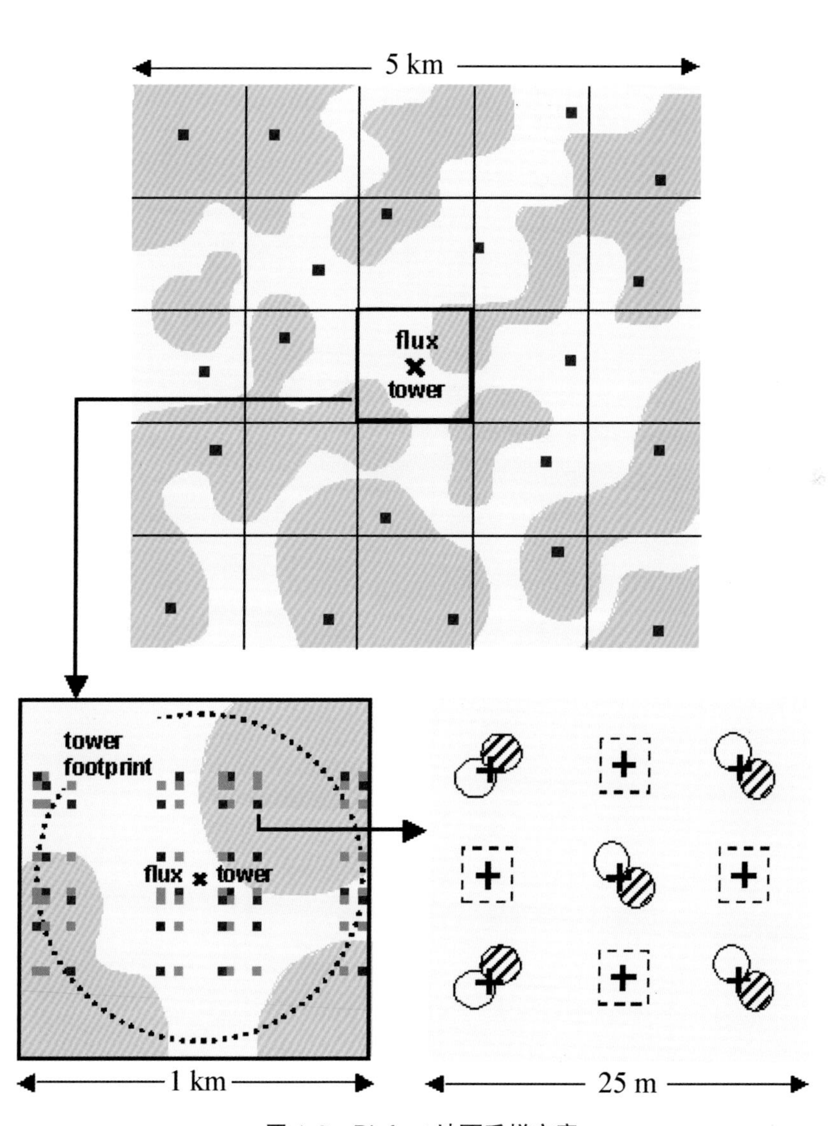

图 1-2　Bigfoot 地面采样方案

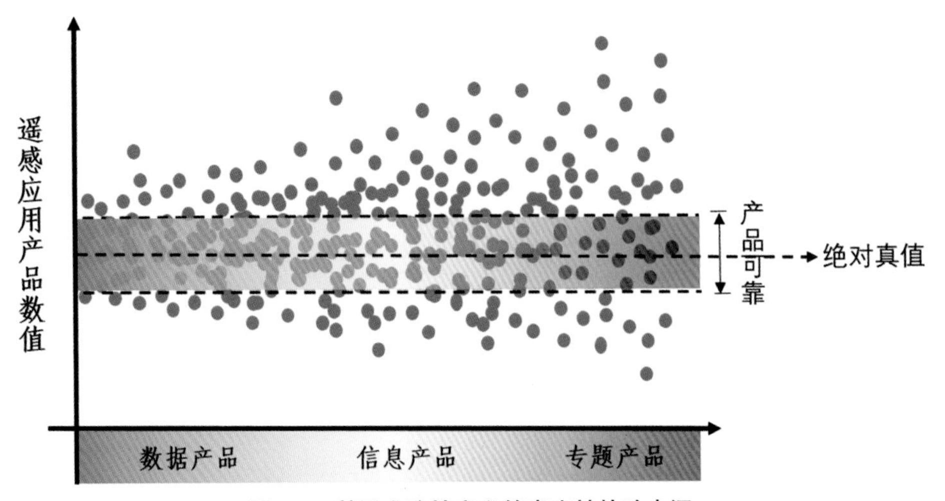

图 2-3　基于准确性定义的真实性检验内涵

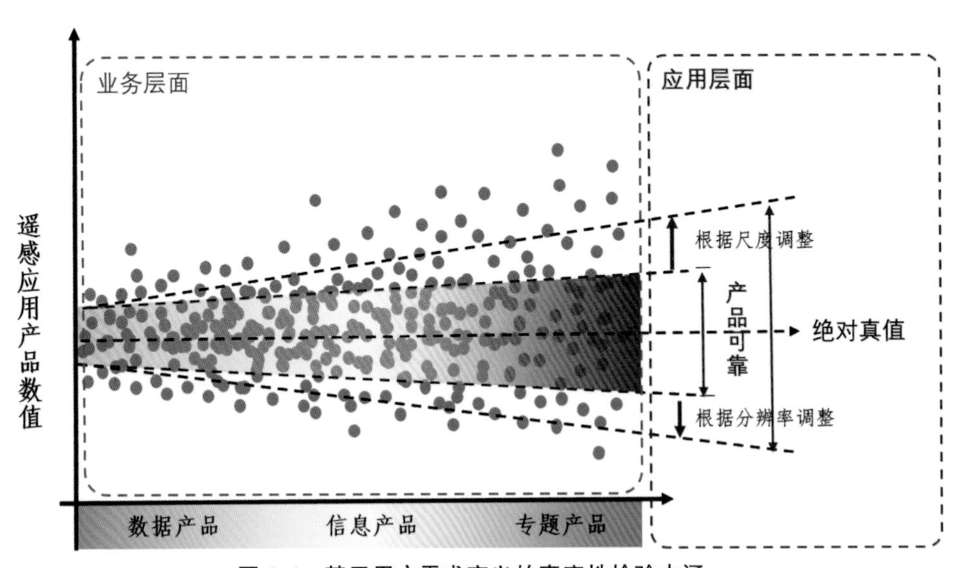

图 2-4　基于用户需求定义的真实性检验内涵

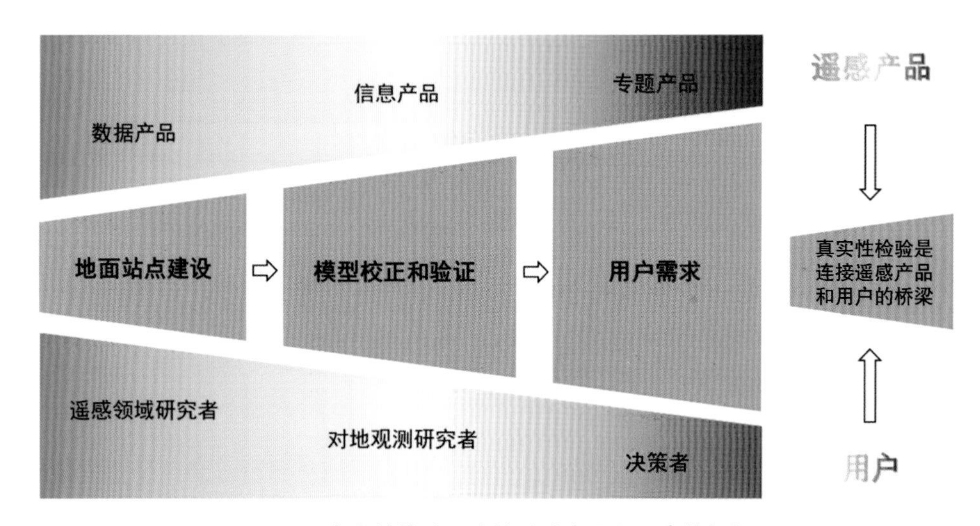

图 2-5　真实性检验：连接遥感产品和用户的桥梁

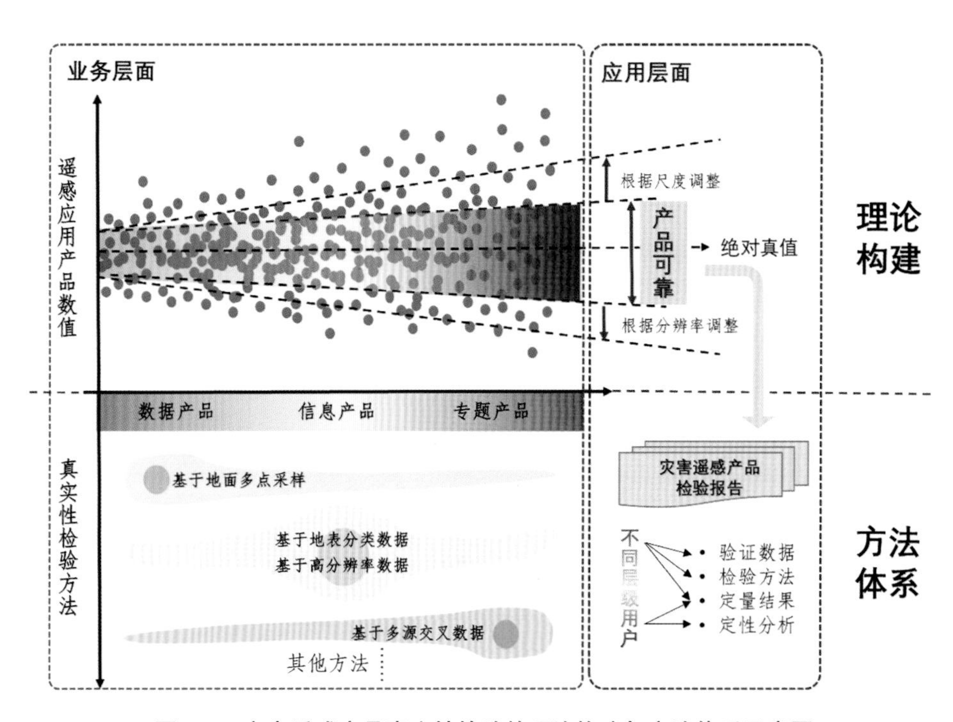

图 2-6　灾害遥感产品真实性检验的理论构建与方法体系示意图

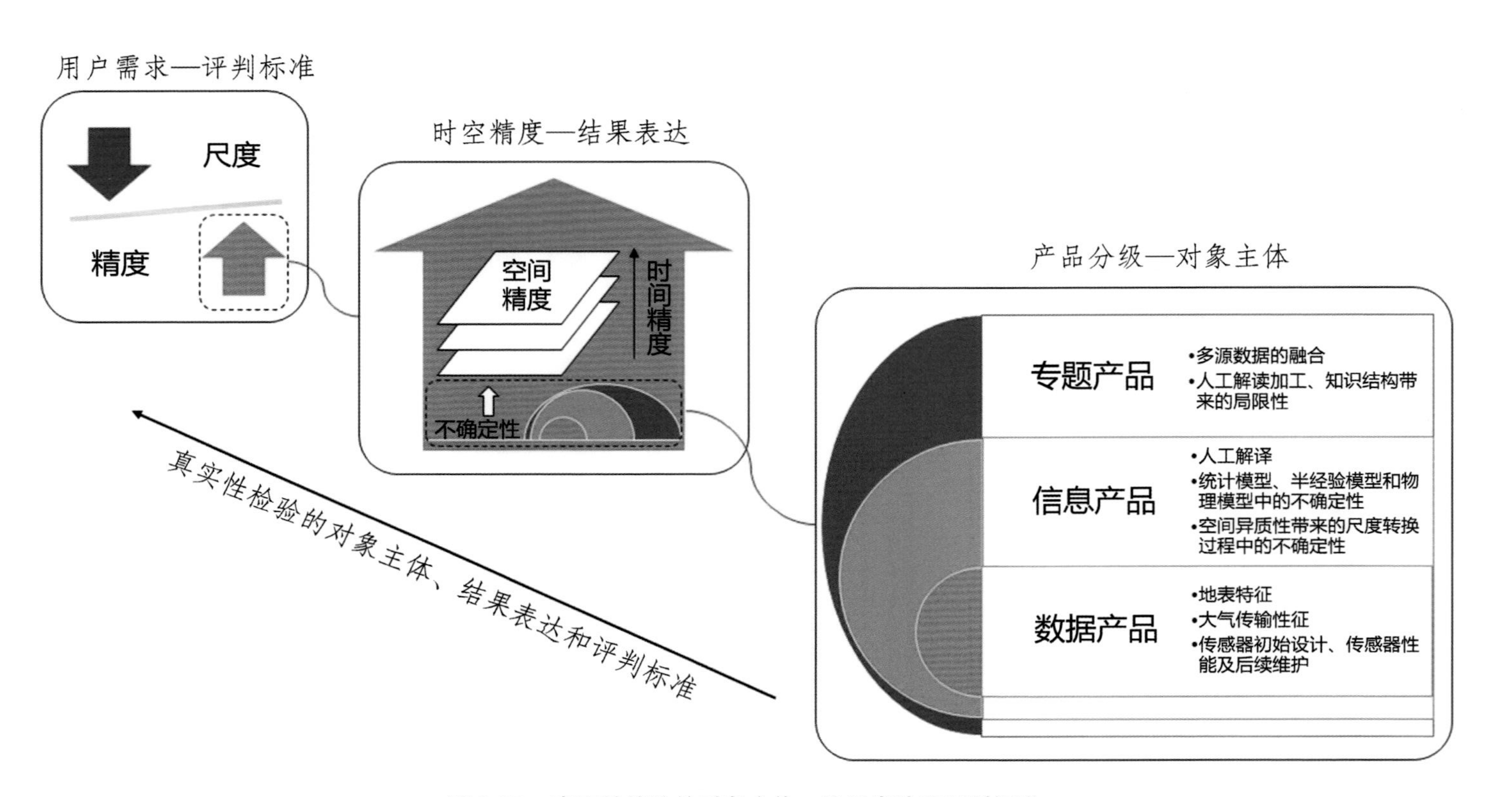

图 2-23　真实性检验的对象主体、结果表达和评判标准

面向用户应用的灾害遥感产品真实性检验研究

王志强 范一大 邓滢 刘沁茹 刘明 著

北京师范大学出版集团
BEIJING NORMAL UNIVERSITY PUBLISHING GROUP
北京师范大学出版社

图书在版编目（CIP）数据

面向用户应用的灾害遥感产品真实性检验研究／王志强等著．
—北京：北京师范大学出版社，2019.11
ISBN 978-7-303-25185-8

Ⅰ．①面…　Ⅱ．①王…　Ⅲ．①遥感技术－应用－自然灾害－风险分析－研究　Ⅳ．①X43

中国版本图书馆 CIP 数据核字（2019）第 237883 号

营销中心电话　010-57654738　57654736
北师大出版社高等教育与学术著作分社　http：//xueda.bnup.com

MIANXIANG YONGHU YINGYONG DE ZAIHAI YAOGAN CHANPIN ZHENSHIXING JIANYAN YANJIU

出版发行：北京师范大学出版社 www.bnup.com
北京市西城区新街口外大街 12-3 号
邮政编码：100088

印　　刷：天津旭非印刷有限公司
经　　销：全国新华书店
开　　本：787 mm×1092 mm　1/16
印　　张：11.5
字　　数：176 千字
版　　次：2019 年 11 月第 1 版
印　　次：2019 年 11 月第 1 次印刷
定　　价：58.00 元

策划编辑：尹卫霞　　责任编辑：李云虎　申立莹
美术编辑：王齐云　　装帧设计：王齐云
责任校对：康　悦　　责任印制：马　洁

前　言

全球变化对地球自然要素和自然过程产生了越来越深刻的影响，以全球变暖为特征的全球气候变化，将导致大气和海洋环流、陆—气、海—气和海—陆相互作用变化所诱发的各种自然灾害形势日趋严峻。全球环境数据获取是全球变化研究的前提，遥感技术以其宏观、快速、可提供一致性全球区域地表的面上信息等优势，在资源、环境、农业、气象、减灾、行星科学等领域中发挥了重要的作用，从而成为全球环境数据获取的重要途径。

遥感数据获取及产品的制作是一个复杂的过程，其真实性受到传感器性能及运行环境、大气状况、地物性征、处理算法等多方面的影响。在从生成基础数据到生成各级产品的整个流程中，每个步骤都会受到各种内部、外部因素的影响，从而各个环节的真实性检验都将影响最后的产品精度。因此，开展遥感数据及其衍生产品的真实性检验工作是重要且必要的。真实性检验的核心是将被检验的产品与真实值进行比较，而遥感获得的像元值与表征地物的差异始终存在，不存在绝对的真值，只能表达为“相对真实”，且真实性的范围随着用户需求的变化而变化。

面向用户应用的遥感产品的真实性检验应指，正确评价产品不确定性，定量计算应用产品与表达地物的精度，从而根据用户具体需求，对定量精度结果给出定性评估产品可靠性的过程。其中，基于不同处理程度的遥感应用产品的分级决定了真实性检验的对象主体，时空精度和抽样的科学化决定了真实性检验的结果表达，用户需求作为评判标准衡量真实性检验结果。在这个过程中，真实性检验承担起了沟通和桥梁的作用：一方面，真实性检验工作是沟通多学科之间的桥梁，完备的真实性检验使得不同学科之间的壁垒被打破，遥感产品的用户从单一的专业遥感研究者向多学科交叉的研究者和决策者扩展；另一方面，真实性检验工作是连接一线遥感业务和实际应用的桥梁，基于用户个性需求的真实性检验，使得遥感产品在更多领域应用。综合评价遥感产品的真实性，缓解了产品供给和决策需求之间的矛盾，从而使遥感应用产品更好地满足业务需求并服务于决策过程。

在遥感应用领域，面向用户的遥感产品真实性检验的必要性和重要性是毋庸置疑的。然而，这本书的编著还是源于一次为地震灾害提供决策产品的故事。灾害发生后，一线业务人员花大量时间为做出较为准确的遥感产品而努力，与决策者由于前方信息获取不足而困扰，形成了巨大反差。而当一线业务人员把遥感影像初级数据送到决策者手上时，才知道这个初级产品就可以满足初期的应用需要。经此一事，不禁深思，一线业务人员和决策者的想法存在一定差异。在救灾的关键黄金时刻，如何深入理解决策者的需求，提供最关键的信息，尤为重要。在遥感应用产品中，真实性检验可以作为连接一线业务和决策者的桥梁，只有满足用户需求并正确表达产品的精度与不确定性，才能使得产品更为广泛、恰当地应用。

本书是在高分辨率对地观测系统重大专项-GF-4卫星共性技术（项目号：50-Y20A07-0508-15/16）和国家自然科学基金项目（项目号：41001059）的联合资助下开展的，主要分析了面向用户的灾害遥感应用产品真实性检验的研究、技术和业务现状，构建了面向用户应用的灾害遥感产品真实性检验理论与方法体系，设计开发了面向减灾应用的水体指数遥感产品真实性检验软件，并在典型案例区进行了应用分析，本书重点阐述了面向用户应用的真实性检验是连接遥感产品与用户应用的桥梁的认识，提出了产品分级、时空精度以及能否满足用户需求分别是决定真实性检验的对象主体、结果表达以及评判标准的观点。希望本书在面向用户应用的灾害遥感应用产品真实性检验研究方面的一点积极尝试和探索，能为相关领域研究人员和应用用户提供一些参考。

在章节安排方面，本书共包括五章内容。第一章绪论，对研究背景和现状进行阐述。第二章面向用户应用的灾害遥感产品真实性检验的理论与方法，分析真实性检验的内涵，构建灾害遥感产品真实性检验理论和方法体系，分析业务层面和应用层面真实性检验之间的关系，介绍灾害遥感产品真实性检验的方法体系。第三章面向减灾应用的水体指数遥感产品真实性检验软件设计及操作方法，从数据库构架、软件功能等方面来介绍基于水体指数的遥感减灾应用产品真实性检验软件的设计与实现。第四章具体介绍了洪涝灾害遥感监测业务内容及流程并介绍了2个案例区水体指数产品真实性检验的实践分析过程。第五章结论与展望。

本书由王志强、范一大总体设计。第一章由邓滢、王志强、范一大撰写；第二章由王志强、邓滢撰写；第三章由刘沁茹、王志强、刘明撰写；第四章由范一大、刘明、刘沁茹撰写；第五章由王志强、邓滢撰写。邓滢、刘沁茹、王志强、麻楠楠、刘蓓蓓承担了全书录入、编排、校对等工作。在本书的编写过程中，徐丰、赵杰鹏、和海霞、温奇等同志就灾害遥感业务以及软件开发技术提供了专业指导和技术支持，阿多、张红蕾、邓岚、赵辉、麻楠楠、王佳欣、詹春晖、刘世杰、李小青等同志在软件测试与实地验证方面给予了大力的支持，王殿中、谢勇、刘三超等同志在真实性检验方法设计上提出了很多建设性的意见，在此一并致谢。

由于编写时间仓促，作者水平有限，不当之处恳请读者批评指正。

作　者

2019 年 1 月

于应急管理部国家减灾中心

目 录

第一章　绪　论

1.1　研究背景

1.1.1　全球变化与遥感技术

全球变化研究是国际科学联合理事会（International Council for Science Union，ICSU）在20世纪后期发动和组织的一个国际超级科学计划，目前已成为国际地理学研究中最活跃的前沿领域之一（倪绍祥，2002）。全球变化对地球自然要素和自然过程已经且正在继续产生越来越深刻的影响，以全球变暖为特征的全球气候变化，将导致大气和海洋环流、陆—气、海—气和海—陆相互作用变化并诱发各种自然灾害。同时，不合理的人类活动导致生态恶化、加剧水土流失和荒漠化等，在一定程度上加重了自然灾害事件带来的影响（董杰、贾学锋，2004）。因此，环境恶化的全球性和全球变化对人类社会发展的重要性，日益引起各国科学家对全球变化研究的广泛关注。

全球环境数据的获取是全球变化研究中的第一优先方向（林海，1997），而遥感技术以其宏观、快速、能提供全球和区域地表的面上信息等优势，必将在全球环境数据的获取中起着重要且不可或缺的作用。国际上许多遥感计划开始与全球变化研究计划建立联系，美国国家航空航天局（National Aeronautics and Space Administration，NASA）发起并由多个国家参与的地球观测系统（Earth Observing System，EOS）计划，既是最宏伟的遥感卫星计划之一，也是全球变化研究计划的一个重要组成部分。遥感技术在全球环境的现状及其变化趋势预测的研究方面具有不可替代的优势，如全球尺度的土地覆盖及其变化的遥感监测研究；在全球变化的一些热点问题研究中遥感技术也逐步显示出良好的应用前景，如温室气体和臭氧的遥感监测和评价研究。(参见冯筠等，2001)

1.1.2 遥感技术应用现状及存在问题

遥感作为一种能在短时间内获取大范围数据的技术，近年来，在资源、环境、农业、气象、减灾、行星科学等领域中发挥着重要的作用，进一步帮助人类认识地球、认识自身所处的环境。例如，可利用先进星载热辐射和反射辐射计（Advanced Spaceborne Thermal Emission and Reflection Radiometer，ASTER）进行地质图制作（Soulaimani et al.，2014），利用有效载荷为专题制图仪（Thematic Mapper，TM）进行水资源分类（Sriwongsitanon et al.，2011），利用中分辨率成像光谱仪（MODIS）进行洪水灾害区域提取（Uddin et al.，2013）等。这些研究和应用表明，随着遥感技术手段在各学科的不断深入，人类将更好地理解人—地系统的复杂关系，提升应对全球变化的能力。

遥感在地学、天文学、环境科学等学科中的应用衍生了一系列遥感应用产品，其中包括土地利用类型分布、火点判识、海洋水色、太阳辐射度等产品。这些遥感应用产品正在打破不同领域之间科学研究的壁垒，研究者可不需要熟悉全面的遥感知识，即可通过遥感应用产品，解决实际的科学研究问题；同时，一线实际工作和科学研究之间的壁垒也正在瓦解，决策者可依据遥感应用的专题产品并结合实际情况，直接进行决策。由此，遥感应用产品成为学科之间交叉的载体，快速、大范围的对地观测数据给各学科带来了新的发展机遇。

但遥感本身也存在诸多的不确定性。遥感数据及产品的获取是一个复杂的过程，其真实性受到传感器性能及运行环境、大气状况、地物性征、处理算法等多方面的影响。因此，开展遥感数据及其衍生产品的真实性检验工作，将有助于推动遥感技术在各行业的广泛应用。

1.1.3 遥感产品的真实性检验现状

遥感产品的真实性检验是一个系统性的过程，在从生成基础数据到生成产品的整个流程中，每个环节都会受到各种外部因素的影响。因此，每个环节的真实性检验工作都对最后的产品精度有着不可估量的影响。遥感基础数据的真实性受到传感器性能及运行环境、大气传输状态及特性、地物性征等多方面的影响，因此在使用数据之前必须进行遥感基础数据的真实性检验。国内外遥感数据的真实性检验工作也陆续在展开。例如，NASA、美国国家海洋和大气管理局（National Oceanic and Atmospheric Administration，NOAA）、法国国家太空研究中心（Centre National d'Etudes Spatiales，CNES）等针对其传感器MODIS、AVHRR（Advanced Very High Resolution Radiometer）、SPOT VEGETATION的遥感数据，在卫星发射前后，进行了详细的真实性检验过程（Biggar et al.，1991；Che et al.，1992；Thome et al.，1997）。在中国，为了更好地开展对地观测工作，建立国家独有的遥感数据体系，中国已发射多颗对地观测卫星，包括用于气象监测的风云系列卫星、用于环境及灾害监测预报的环境与灾害监测预报小卫星星座、用于海洋环境要素监测的海洋系列卫星、用于勘测和研究地球自然资源的资源卫星等，这些数据的真实性检验工作也正在展开。中国国家航天局航天遥感论证中心与全球多家科研机构展开了多项相关工作，与英国萨里大学开展"北京一号"小卫星定标研究、与美国耶鲁大学开展环境综合评价指数真实性检验研究等（国家航天局航天遥感论证中心，2015）。

遥感产品是经过一系列算法处理的产物，对其进行真实性检验有利于支持决策应用。目前，国内外学者对表征同一信息主体的多源遥感产品进行比较，发现它们均存在不同程度的不一致性（Caetano & Araújo，2006；Garrigues et al.，2008）。国内外尚未研究出完整、全面的真实性检验机制，数据产品的真实性尚不能保证，从而限制了遥感应用产品的广泛应用。

1.2 遥感真实性检验技术研究进展

1.2.1 遥感真实性检验技术方法研究进展

真实性检验是指通过将遥感反演产品与能够代表地面目标相对真值的参考数据（如地面实测数据、机载数据、高分辨率遥感数据等）进行对比分析，评估遥感反演产品的精度，而且要让应用者相信这种评估的客观性（Justice et al.，2000；张仁华等，2010；吴小丹等，2014）。地表的空间异质性普遍存在，使得待验证的产品像元和地面观测、航空遥感观测间的尺度不匹配，同时也限制了地面观测等数据在真实性检验过程中的使用。因此，获取像元尺度的地面观测相对真值是真实性检验技术的核心目标。

根据地表异质性情况和验证数据的类型，真实性检验技术方法可归纳为5大类：基于地面单点测量值的检验、基于地面多点采样值的检验、基于高分辨率数据的检验、交叉检验和间接检验（吴小丹等,2015）(图1-1)。其中，地面单点测量值、多点采样值和基于高分辨率数据的检验，都需要基于地面采样数据，因此下文将从基于地面采样数据的检验和交叉检验方面进行阐述。

1.2.1.1 基于地面采样数据检验的研究进展

基于地面单点测量值的检验、基于地面多点采样值的检验和基于高分辨率数据的检验这三种方法都需要利用地面的采样数据。其中，单点测量值的检验一般适用于以下情况：弱尺度效应的参数、强尺度效应均质地表、强尺度效应非均质地表但观测尺度与待检验产品像元尺度接近，其代表性陆表参数包括反照率、净辐射、光合有效辐射吸收比率（Fraction of Absorbed Photosynthetically Active Radiation，FPAR）、净初级生产力（Net Primary Productivity，NPP）、地表湿度等。而多点测量值的检验适用于地面存在、按照一定规律布设的多个采样点，且这些点能够捕捉地表异质性，可通过一定的方法把点采样值转换为面采样值，代表性陆表参数有土壤水分、雪水当量、植被指数等。当采样点尺度和像元尺度差异过大时，单点测量值的检验和多点测量值的检验都不够充分，此时引入高分辨率遥感数据作为桥梁，对待检验遥感产品进行地面样点—高分辨率数据—低分辨率数据多尺度的逐级验证。利用采样点检验的关键在于如何更精确地估计像元尺度“真值”，异质表面空间采样优化和异质表面关键参数尺度上推是检验过程中的两个关键环节。

1. 异质表面空间采样优化

根据空间采样理论，一个像元内样本点的数量及其位置直接影响着像元真值估计的精度。通常采样点数量越多，估计精度越高。对均质地表而言，测量参数在空间上没有太大的变化，常用的地面测量采样方法，如随机采样

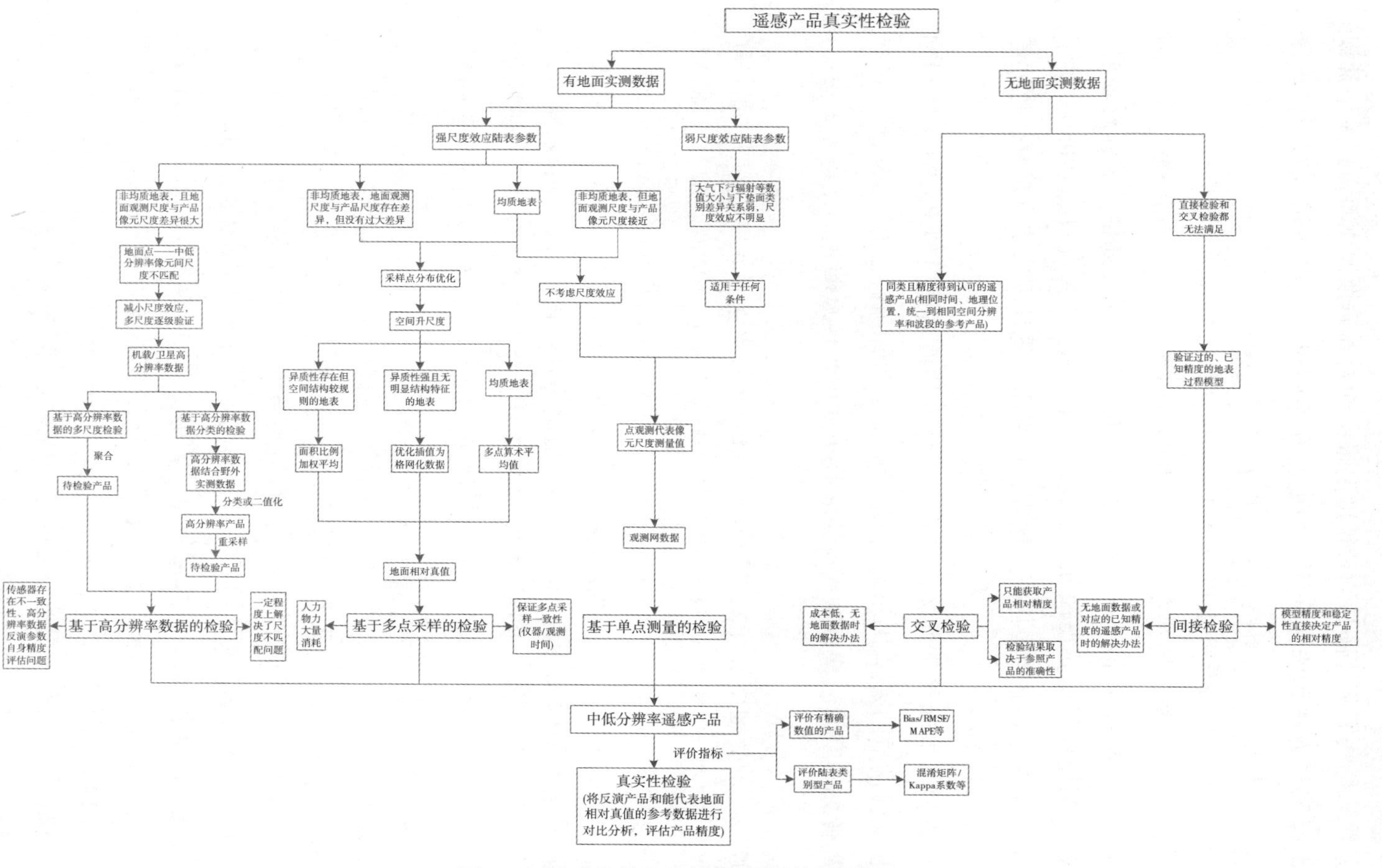

图 1-1 遥感产品真实性检验方法流程框图

（参考：吴小丹等，2015）

法、系统采样法等都能满足测量精度要求。而对异质性地表而言，采用常规地面测量采样方法无法保证测量精度，在实践过程中单纯靠增加采样点数来提高精度并非高效的解决方案。如何布设有限的观测点、如何利用有限观测点的数据得到异质像元上地表变量的最优估计，是采样的核心内容（晋锐等，2017）。对于异质性存在但空间结构较为规则的地表（如荒漠），可将植被覆盖度作为尺度上推的一个核心因子，按不同类型（如植被和裸露地表）的面积比例加权平均获得像元尺上相对真值（Hufkens et al.，2008）。对于异质性强且没有明显结构特征的地表，可采用地统计方法将点观测优化插值为可与遥感观测相互比较的格网化数据（Goovaerts，1997）。丁艳玲汲取空间采样理论和空间优化方法，将非均质像元均值估计模型（MSN）应用到异质性像元的空间采样中，以均值估计方差为目标函数，得到 250m^2 不同异质程度像元的空间采样方案和基本采样单元内采样点的布设方案（丁艳玲，2015）。

NASA 的陆地生态计划（Terrestrial Ecology Program）支撑的大足迹研究计划（Bigfoot）旨在为 MODIS 陆地产品提供验证的实测数据，主要是针对叶面积指数（Leaf Area Index，LAI）、FPAR 和 NPP 进行地面测量。地面采样方法是选取范围为 5km × 5km 的实验场，在实验场中心安置涡动通量塔，通量塔的足印大约是 1km × 1km。通量塔足印内布设较多的采样单元，在采样单元内进行逐级采样，生物量的采样方法有 3 种，分别为地上采样、地下采样和地上加地下采样，每个采样单元的大小是 25m × 25m，与 ETM+ 遥感影像像元的大小基本相当，其内均匀地布设 9 个采样点（图 1-2）。

我国高技术研究发展计划地球观测与导航技术领域“星机地综合定量遥感系统与应用示范（一期）”项目在“遥感产品真实性检验关键技术及其试验验证”方面针对不同的观测目标和地表条件，发展了异质性表面空间优化采样（Wang et al.，2014）、多变量空间优化采样（Ge et al.，2015）、时空动态观测网优化采样（Wang et al.，2015）、空间混合优化采样（Kang et al.，2014）等方法，可满足大多数陆地遥感产品真实性检验的布点需求（晋锐等，2017）。

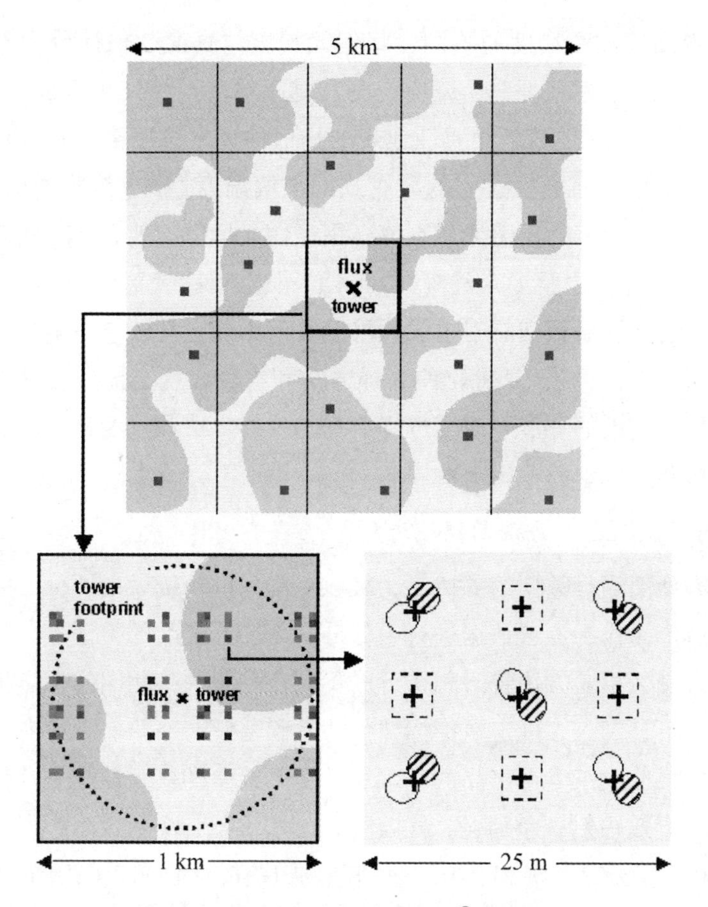

图 1-2　Bigfoot 地面采样方案[①]（见插页）

2. 异质表面关键参数尺度上推

通过优化布设得到多点观测后，采用特定的尺度上推算法得到像元"真值"。异质表面地表参数的尺度上推涉及从地面点观测或者足迹观测到像元尺度的转换，以及从高分辨率像元到粗分辨率像元的转换。2012 年的黑河生态水文遥感试验（HiWATER）发展了点和足迹尺度定点观测的尺度上推方法，将克里格方法推广至利用协同信息回归克里格、面到面回归克里格、时空回归克里格、不等精度观测等情形，将高分辨率遥感（如航空遥感）作为重要的协同信息，可显著提高尺度上推的估计精度（李新等，2016）。晋

① http://www.fsl.orst.edu/larse/bigfoot，访问日期 2019-05-15。图中 flux tower 表示通量塔，tower footprint 表示足迹。

锐等根据观测方式和尺度的不同，将像元尺度“真值”估计分为基于传感器网络多点观测、基于足迹 / 斑块观测和基于航空遥感三个方面（晋锐等，2017）。亢健等将一种基于异质性地表的均值估计方法用于空间节点的优化采样设计，借助在研究区建立的分布式的土壤温度 / 水分传感器检测网络，准确获取异质性地表的遥感像元真值，用于像元尺度的地表冻融状态分类算法的发展和真实性检验（亢健等，2014）。航空遥感获取的数据分辨率高，经反演和尺度上推后得到的卫星像元尺度真值不确定性较小，常被作为中间数据，用于“一检两恰”。优化的采样方法和参数尺度上推方法是单点测量思路的重要且基础的环节，应当选择恰当的采样方法和尺度转换算法，尽可能地减少检验过程中的不确定性。

1.2.1.2　交叉检验方法的研究进展

在没有地面测量数据的支持下，难以对产品的精度做出评价。引入已知精度的遥感产品作为参考数据进行中低分辨率遥感产品的验证是一种可行的替代方法。交叉检验方法将时相接近的不同产品统一到相同的投影坐标系和空间分辨率下，利用多种定量指标评价待检验遥感产品相对于参考产品的精度，检验结果取决于参考产品的准确性。交叉检验的代表性陆表参数有植被指数、光学有效辐射、净辐射、气溶胶、土壤水分、净初级生产力等。吉恩等（Jin et al.，2003）将 MODIS 数据与 AVHRR 及 ERBE（Earth Radiation Budget Experiment）的反照率历史数据进行了比较，偏差分别仅为 0.016 和 0.034。针对 MODIS 火灾与燃烧区产品（MODIS active fire and burned area products），一些研究者利用更高分辨率的 ASTER 数据进行验证（Morisette et al.，2005），Terra MODIS C6 火灾产品的验证已经完成，约有 2500 景 ASTER 影像（每景覆盖范围 60 × 60 公里）用于评估 MOD14 产品的精度 [①]。验证结果表明，在夜间火点像素漏分误差约为零，而白天的漏分误差随植被覆盖百分比的变化而变化，误差高值出现在植被密集区域，平均约为 5%。交叉检验关键在于已知精度的参考数据的选择，这是决定交叉检验结果可靠性的关键因素。

---

① MODIS 陆地产品验证组，https://landval.gsfc.nasa.gov/ProductStatus.php?ProductID=MOD14，访问日期 2019-05-15。

1.2.2 真实性检验验证数据集的建设

遥感应用产品的不断发展，对真实性检验的要求越来越高，这对验证数据集提出了更高的挑战。由此，建立合作化的、统一标准的验证数据集，是必要且重要的。

1.2.2.1 MODIS 陆地产品真实性检验数据集建设

国际卫星对地观测委员会（Committee on Earth Observation Satellites，CEOS）真实性检验工作组（Working Group on Calibration and Validation，WGCV）将真实性检验定义为，由独立装置评估卫星系统衍生产品质量的流程。基于此定义，MODIS 陆地产品真实性检验工作组，收集和分析 EOS 陆地产品真实性验证核心站点的数据，结合野外测量、星载机载技术和其他同一类型的交叉验证数据，对各种 MODIS 陆地产品进行真实性检验。

1. MODIS 陆地产品项目的数据范围及使用原则

平衡使用现有数据源，包括野外测量项目、其他数据网络和国际科研工作组已有成果；建设一套可以实现全球参与的核心站点数据收集与分发系统；尽可能多地集合现有地球科学科研人员。

2. 核心站点建设

MODIS 陆地产品验证项目基于前人已有的验证经验，给每一个 MODIS 陆地产品设计三项核心内容：用于野外田间数据收集的特殊设备，一系列用于野外数据收集的站点和一套用于比较测量数据和遥感产品的工具和协议成果。由此可以看出，核心站点建设是验证遥感数据的重要内容，用于保证验证的时空延续性；而 MODIS 陆地产品是重点结合野外测量数据和更高分辨率遥感数据，对 MODIS 产品进行验证（Morisette et al.，2002）。表 1-1 描述了几种主要产品及其验证数据，其中，主要验证数据集来源于高分辨率影像和实地调查，在建设核心站点的同时，广泛利用已有数据集，并且验证工作均形成规范的评估文件。

表 1-1 MODIS 陆地产品验证数据集及站点

MODIS 陆地产品	主要验证数据集	早期主要验证站点	文件
Albedo/BRDF 反射率	合适的高分辨率卫星影像、机载影像，MISR 反射率值等	核心站点测量：田间反射率和太阳光照度测量	产品准确性即不确定性报告（Schaaf et al.，2002）

续表

MODIS 陆地产品	主要验证数据集	早期主要验证站点	文件
火产品	实地测量、合适的高分辨率卫星影像、机载影像	SAFARI 2000 dry season，Pacific Northwest USA	（Justice et al.，2002）Chapter 3，Algorithm Technical Background Document
LAI/FPAR	“LAI-2000”植被冠层分析器、场光谱仪	LAI 网络 LAI-net	（Myneni et al.，2002），LAI/FPAR validation URL，（Privette et al.，1998；Gower et al.，1999）
地表覆盖类型	实地测量、合适的高分辨率卫星影像、机载影像	挑选的核心站点和 STEP 数据库	产品准确性即不确定性报告（Friedl et al.，2002；Muchoney et al.，1999）
地表温度	海曼温度计、热敏电阻器发射仪、高分辨率影像、TIR 辐射计	Uardry and Lake Tahoe 核心站点，Railroad Valley，NV，Mono Lake and Death Valley，CA. Lake Titicaca and Uyuni Salt Flats，Bolivia	（Wan et al.，2004）
PSN/NPP	通量网络数据（Fluxnet），高分辨率影像	FLUXNET 站点	（Running et al.，1999；Olson et al.，1999；Reich et al.，1999）
冰雪覆盖	NOHRSC 每天 1km 雪覆盖图，高分辨率卫星影像、机载影像	New Hampshire，Midwest US，Alaska，California，Southern Ocean	（Hall et al.，1999；2002）
地表反射率	AERONET sun photometer，光谱仪，MQUALS 数据、高分辨率影像	包含于 AERONET 的核心站点	Chapter 3，Algorithm Technical Background Document
植被指数	光谱仪、空中辐射计、基准板、实地调查，高分辨率图像	核心站点	（Huete et al.，1999；2002）

在表 1-1 中，真实性检验工作主要用到的高分辨率数据有 AVIRIS、MAS、MASTER、MQUALS、IKONOS、ASTER、ETM+、SeaWiFS、AHVRR，图 1-3 中展示了各数据波段范围，和 MODIS 产品波段相吻合。

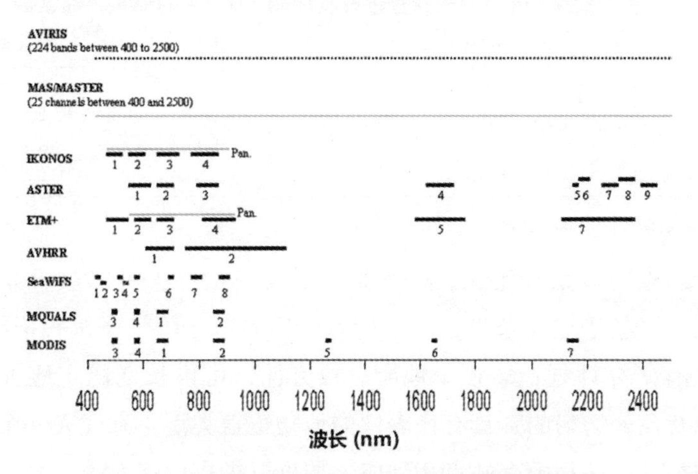

图 1-3 用于 MODIS 产品验证的传感器波段范围

（资料来源：Morisette et al.，2002）

MODIS 陆地产品项目是借鉴全球分层观测计划（Global Hierarchical Observing Strategy，GHOST）的概念，进行站点的分类和建设的。在 GHOST 中，将观测分为从“在小部分站点中观测很多变量”到“在很多站点持续性观测小部分变量”五级（表 1-2）。MODIS 陆地产品计划调整为两层，一层是 EOS 陆地观测核心站点，对应 GHOST 中的 1—3 级；另一层是 MODIS 陆地产品站点，对应 GHOST 中的 4—5 级。

表 1-2 GHOST 中的分级

级别	角色	特征
1- 大面积的实验地	为理解空间结构和过程	尺度大于 100km，密集的取样和高联合的数据集
2- 研究中心，如大的农业研究站	为理解过程、实验方法发展和数据分析	对于一个主要农业生态系统类型的基本研究，使用相对昂贵和复杂的设备
3- 研究站	对变量进行长期的测量，用于验证遥感变量，分析变量趋势	在一定范围内进行无偏统计，经常测量变量

续表

级别	角色	特征
4- 样本站点	对遥感不可观测的变量进行直接测量，生物健康的状态和趋势	不经常的测量，通常为一年或十年一次，大样本的无偏统计
5- 遥感	空间和时间分辨率可以到 1 天和 30m，关注生物、冰层的状态和趋势	通常为不能直接被观测到的变量，经常性的全面覆盖测量

（资料来源：Morisette et al.，2002；2006）

基于站点的分层和定义，一个站点需要包括：①可以被研究者直接接触和使用；②基于已有条件，如实验室、实验塔、用于飞机扫描的机场等；③基于已有研究计划；④在土地所有权方面，可供长期稳定地进行研究工作；⑤拥有显著均匀的、具有代表性的地物覆盖类型；⑥代表一个全球性的重要生物类型；⑦和已有站点相呼应，如可以提供生态系统、气候或季节多样性。

这些站点需要最大和最好程度的联结野外调查数据和各种遥感数据。例如，一个站点应当可以长期和远程的持续监控土地覆盖活动，通常搭载冠层辐射仪、碳通量塔，并且可以测量各种气象变量、大气气溶胶和水汽数据。

除站点数据和一些高分影像数据集以外，还可以充分结合其他项目的数据一起验证，如美国的 Bigfoot、俄罗斯的 Deering-krasnoyarsk、加拿大的 Honda/GLI-Victoria 等。

MODIS 陆地产品在充分收集、使用、整理验证数据的同时，强调数据的交互使用和分享。

总而言之，MODIS 陆地产品真实性检验工作主要有以下几个特点：基于验证数据需求和相关分析流程需要，MODIS 陆地产品验证工作体系已建设并完善；MODIS 陆地产品是一项集合全球相关科研人员努力的工作；在很多情况下，在 MODIS 开始收集数据的很短的时间内，验证工作就已经展开，这会导致数据预处理的延迟；现有核心站点能够代表全球主要生物群落和土地覆盖特征；站点数据可以通过网络快速、便捷地下载；数据开源的验证机制可以最大化的使用各个数据，为未来的全球真实性检验工作打下基础。MODIS 陆地产品是全球建设最完善、最系统的遥感产品真实性检验工作之一。其他产品的真实性检验多依赖于已有遥感产品进行交叉验证，如 NOAA 的产品验证系统。

1.2.2.2 NOAA 产品验证系统（NPROVS）

NOAA 产品直接使用现有的遥感影像和地面数据平台进行产品验证，采用的数据有 Metop，GOES，COSMIC，AIRS，COSMIC，NWP，Raob 等。图 1-4 展示了 NOAA 一项重要产品，数值天气预报的验证中所用到的数据。例如，NPROVS 验证站点分布中，每个站点都保证至少有一个卫星观测数据，用于对 NOAA 产品进行验证（Reale et al.，2012）。

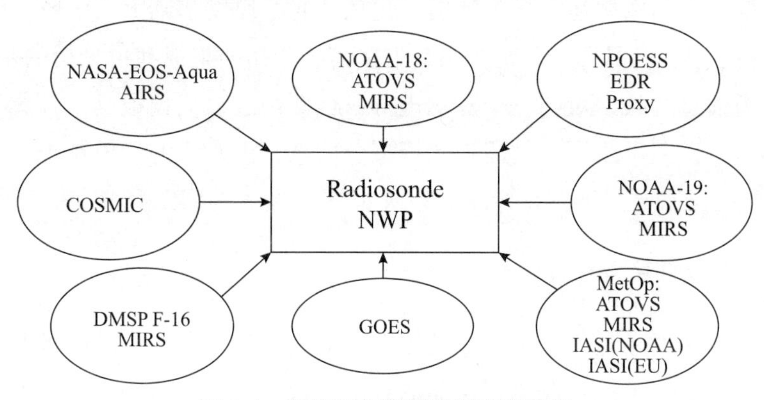

图 1-4 数值天气预报验证所用数据
（资料来源：Reale et al.，2012）

此外，中国也开展了一系列真实性检验数据集工作。在黑河流域展开的生态水文遥感试验（HiWATER）和综合遥感实验，获取了一系列气象、水文、土地利用等数据集，是不可多得的真实性检验素材（李新等，2008）。同时，还有西北内陆河流域生态环境综合数据库、中国陆地生态系统通量观测研究网络（ChinaFLUX）等（于贵瑞等，2014）。

1.3 灾害遥感应用产品的真实性检验研究进展

遥感应用产品的生产模式为“链式”生产，链条上的每一个中间产品都可直接被使用。根据这种特征可以对遥感产品进行分类，随着处理分析的程度加深，遥感应用产品不断趋于某种应用途径，产品分级趋于专业化，从而使得不确定性不断累加。因此，针对不同级别的遥感应用产品的真实性检验应有不同的侧重内容和不同的检验思路方法。

依据遥感应用的工作流程，遥感应用产品被分为三级：数据产品、信息产品和专题产品。数据产品是指按条带、按景或者按区域分发的经过解压格式、压缩处理的原始数据产品，以及在此基础上经过初步辐射校正和几何校正的产品。信息产品包括两类，一类是指在基础产品上进行几何地形精校正、正射精校正，或者通过像素级、特征级、决策级融合得到的参数反演产品；另一类是指在基础产品上进行解译、参数反演等信息处理与集成手段获取的信息。信息产品以用途需求为导向，包括云光学厚度、陆上气溶胶、海洋水色、承灾体信息产品等。专题产品是指在信息产品的集成和再分析的基础上，利用各类信息产品，对同一个专题进行综合评判。天气预报是一种典型的专题产品，依据卫星云图、气流走向等综合信息，由专业的气象预报员进行分析，得到对未来天气的预估结果。以灾害评估为例，可以通过时序变化分析，提取灾害目标异常信息，基于灾害系统理论及评估模型，形成可服务于减灾救灾各项工作环节的专题产品。

遥感应用产品是遥感数据产品依次到信息产品及专题产品的深化，每一步均存在不确定性，因此应用产品的真实性检验应当包括测量过程、参数反演、模型拟合和应用模型、人工综合分析等的复杂检验过程。不同级别产品的真实性检验的重点不同，如图 1-5 所示，数据产品的不确定性主要来源于测量、传输的过程，其精度受到传感器设计、大气传输、地表反射特征等多方面影响，反映在从卫星获取的像元亮度值（Digital Number，DN）到辐射亮度的转换关系和几何形状的变化上。因此，数据产品的真实性检验主要包括对辐射定标系数的检验和几何校正，检验依托验证站点的建设情况；信息产品是基于基础产品的加工，除基础产品中存在的不确定性外，人工判别、数学物理模型等也将影响这两类产品的精度，其检验主要依托模型的校验；专题产品是集合综合多种数据源（包括遥感应用产品数据、统计数据、实测数据等）对某一专题进行综合分析的产品。要对专题产品进行真实性检验，需要正确把握检验的尺度，其检验主要依托于用户的需求。

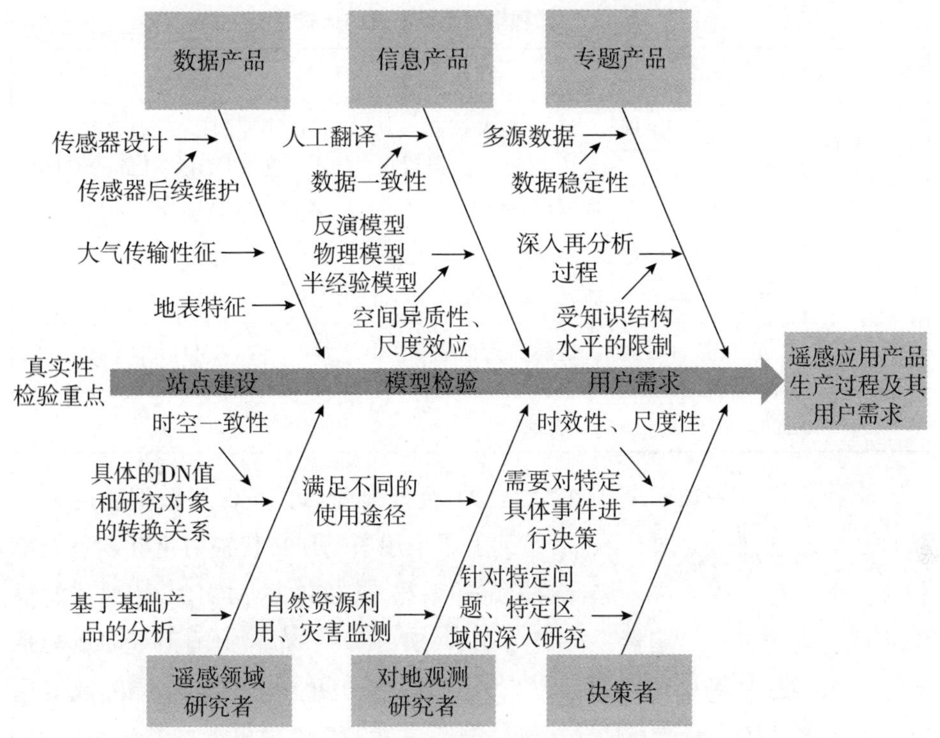

图 1-5 以用户需求为导向的遥感应用产品生产链条的真实性检验框架

1.3.1 数据产品的真实性检验方法研究

数据产品指按条带、按景或者按区域分发的经过解压格式、压缩处理的原始数据产品，其真实性除受仪器影响外，还受限于 DN 值的转换过程和几何位置的投射过程，在遥感处理操作中，前者称为辐射定标，后者称为几何校正。

从卫星获取的 DN 值转换到辐射亮度的过程，称为辐射定标过程，测量中的不确定性也在定标系数的准确性中体现。辐射定标自 20 世纪 70 年代，经历了场地替代辐射定标、星上辐射定标、交叉辐射定标的过程（高彩霞等，2013）。表 1-3 对三种辐射定标方法进行比较，其中，场地替代辐射定标方法最为精确，仍然是目前最为广泛使用的辐射定标方法之一，但这种方法需要选择大面积的定标场地，耗费较大人力物力，其选点也受到限制，因此不依赖于定标场地的星上定标和交叉定标方法的发展促进了辐射定标工作的开展。

表 1-3 三种辐射定标方法的比较

定标方法	优点	缺点	传感器举例
场地替代辐射定标	准确性高，原理清晰	对场地要求较高，耗费人力物力，能提供的定标数据有限	目前主要的传感器辐射定标方法，如 MODIS、Landsat TM、CCD 等（巩慧等，2011）
星上定标	时效性高，定标与数据同步	受卫星载荷、技术发展、能耗等原因限制	MODIS、MISR、CERES 等（巩慧等，2010）
交叉定标	较星上定标更为准确，不依赖试验场	受传感器光谱响应差异、观测几何、大气条件等影响	NOAA-AVHRR、EO-1/Hyperion、Landsat ETM+ 等（杨爱霞，2017）

辐射定标是一项长期工作，贯穿卫星发射前后，是保持数据精度和一致性的重要基础。美国 Landsat 系列卫星采用了场地替代辐射定标、星上定标和交叉定标多种方法，综合给出定标系数（USGS）。MODIS 传感器的辐射定标在多地进行，定标系数定期在 NASA 网站公布。中国卫星的定标系数主要采用的是场地辐射定标方法，中国资源卫星中心发布多颗陆地卫星（GF-1 卫星、环境减灾星座 AB 星、资源三号卫星、中巴地球资源卫星等）的辐射定标系数（中国资源卫星应用中心网站，2015），供研究者使用。为了进行更好的定标工作，敦煌试验场（巩慧等，2011）、内蒙古试验场（高海亮等，2013）均持续地进行了辐射定标及后期定标系数的检验。定标系数的检验可以分为两种，一种基于地面实测数据，另一种基于参考卫星数据。巩慧等（2011）通过对比卫星过境时刻的试验场实地测量数据和传感器的显示数据，对 HJ 卫星 CCD 相机的定标系数进行真实性检验，结果表明 CCD 相机的表观辐亮度与标准值十分接近，产品数据质量较高。高海亮等则综合内蒙古试验场多年实测数据和参考卫星 MODIS 传感器数据，模拟不同条件，对定标系数的真实性进行检验，发现误差主要来源于地表的方向反射特性以及大气路径的变化，建议进行地表的方向性校正及大气观测几何归一化处理（高海亮等，2013）。韩启金等也通过相似的思路，基于地面实测数据和 MODIS 数据，对 HJ-1B 星的 IRS 传感器热红外通道进行了定标系数的修正（韩启金等，2011）。

由于轨道及传感器视角、投影等问题，成像的几何特征会发生变化，因此需要对数据产品进行几何校正。通过轨道模型和定向模型，将空间坐标转换为地面坐标，可对卫星影像的几何精度进行评价，这也是真实性检验的一部分（许妙忠等，2012）。几何校正可以是原始图像的空间坐标向真实坐标的转换，转换方法包括仿射变换法、多项式变换法、三角网算法和改进三角网算法等，李晶晶等在几何校正精度、处理时间及计算机内存占用几方面评价这几种算法，认为改进三角网算法较为优秀（李晶晶等，2009）。此外，控制点的选择也是影响几何校正精度的重要因素，在均匀选点的基础上，还应当尽量选择易于辨认的地标作为控制点。

辐射定标和几何校正是遥感应用基础产品真实性检验的核心内容，也是整个遥感应用产品检验的基础，其不确定性将累计在产品的后续加工中。同时，相较于更高级的应用产品的检验，数据产品的检验方法较为成熟，应该持续不断地坚持进行检验，保障数据的稳定性和一致性。

1.3.2 信息产品的真实性检验方法研究

信息产品是对数据产品的再分析，利用光谱信息进行建模，得到不同用途的信息产品，其验证包括两个方面，一是对处理过程的模型进行检验，二是对信息产品结果的检验。

1. 信息产品中的模型检验

根据生产制作信息产品的建模过程，马廖卡等（Magliocca et al.，2015）提出一套“问题”导向的模型检验方法。如图 1-6 所示，先依据产品用途，明确产品应对的问题，进行概念建模，通过电脑编程建立电脑模型，最后投入应用。在这个流程中，存在四个模型检验：概念检验、代码验证、操作验证和理解过程（Magliocca et al.，2015）。概念检验指模型中的输入是否符合真实世界过程，包括可能的变量、过程、系统边界等，此项验证受到显著的认知影响。代码验证指编写的电脑程序是否清楚地描述和反映概念模型的内容。操作验证是对模型校验的检验过程，检验模型的参数是否符合真实案例的实际情况，不同的案例可能具有不同的参数设置。理解试验过程反映了模型在多大程度上回应提出的问题，如提出的问题是政府政策会影响城市化，该模型的理解试验过程即为观测政策对城市化的影响。

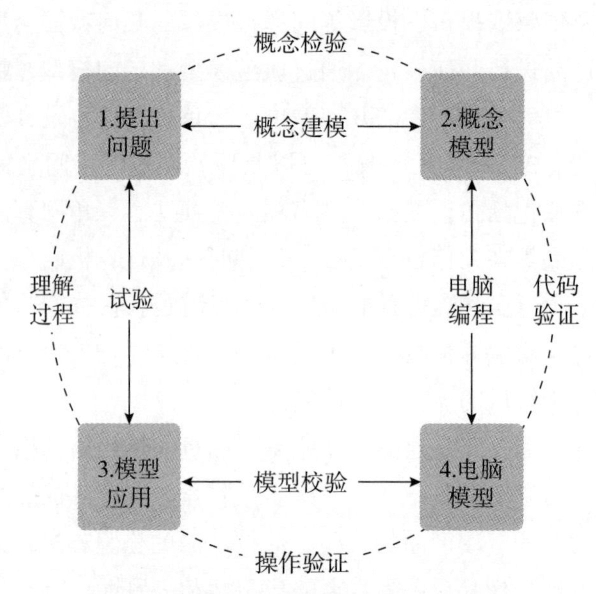

图 1-6　问题导向的建模及真实性检验过程

（资料来源：Magliocca et al.，2015）

2. 信息产品中的结果检验

信息产品中的结果检验包括两种方法，一种是基于基本采样单元（ESU）的验证方法，通过野外测量，建立实测数据与遥感影像像元值的转换关系，将实测数据转换到与待验证影像相同的尺度进行验证；另一种是多源数据的交叉验证思路，将表征同一内容的数据源进行对比检验，用于检验的数据既可以是更高分辨率的遥感数据，也可以是其他统计数据，如气象站点数据等。一般来说，野外实测数据更为精确，第一种验证方法更为可信，但该方法的采样点的选择及测量难度高且工作量大，而采用高分辨率数据验证低分辨率数据较为简便。（表 1-4）

表 1-4　遥感信息产品的真实性检验方法的比较

检验方法	使用数据	优点	缺点
建立野外实测数据与影像像元值关系的对比验证方法	野外实测数据，高分辨率影像数据	方法信度高，将地表测得的信息转换到影像尺度进行比较验证	采样形式及范围影响验证的可靠性，耗费大量人力物力，存在尺度效应问题

续表

检验方法	使用数据	优点	缺点
建立不同数据源的对比关系的交叉验证方法	表征同类信息的不同数据源，如遥感数据、统计数据等	获取数据方便	其他数据源的真实性难以保证

第一种方法是建立野外实测数据与影像像元值关系的对比验证。基于基本采样单元的验证方法是目前使用最为广泛的真实性检验方法之一。莫里塞特等（Morisette et al.）对 LAI 的真实性进行了评价（图 1-7）：待验证的中分辨影像来自传感器 MODIS、VEGETATION、POLDER、AVHRR、MERIS 等；验证思路主要是利用实测田间数据，获得采样单元的 LAI 数据，结合高分辨率影像，得到估算的高分辨 LAI 值，再通过尺度转换到更低分辨率的影像进行验证，用于验证的高分辨率影像有 Landsat ETM+、SPOT HRVIR、IKONOS、ASTER、Quickbird 等；验证形式包括截面数据和时间序列数据

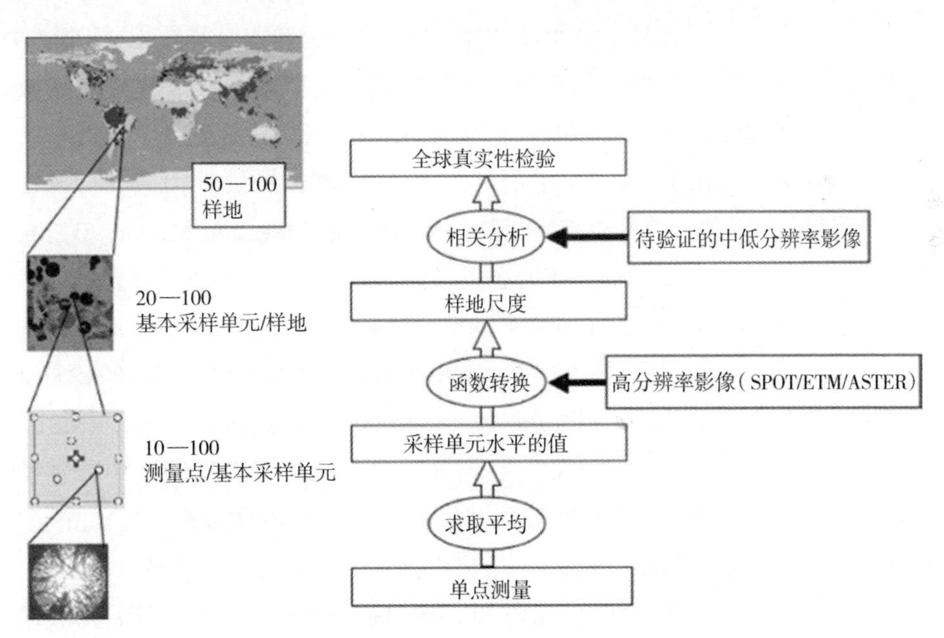

图 1-7 基于基本采样单元的验证方法

（资料来源：Morisette et al.，2006）

两种，对产品的真实性进行了全面评价（Morisette et al.，2002，2006；Coll et al.，2010）。在中国，研究者对MODIS数据产品也进行了验证，以内蒙古锡林浩特草原为研究区，对LAI的真实性进行测量，将不确定性分为模型误差、数据定量化差异和尺度效应三个方面，研究表明MODIS LAI产品高估了当地的LAI，百分比为44.2%，并计算出各部分的误差占比，其中模型差异带来的误差最大（孙晨曦等，2014）。中国已有研究者在逐步尝试利用其他传感器高分辨率数据，如Landsat EM、ETM+对中国卫星数据进行对比（刘睿等，2011），验证HJ卫星归一化植被指数（Normalized Difference Vegetation Index，NDVI）的精度，并给出修正系数，为进一步进行更精确的真实性检验打下基础。

第二种方法是建立不同数据源的对比关系的交叉验证。对信息产品而言，不仅可以利用地面实测数据、参考卫星数据进行验证，还可以通过表征同类信息的数据进行。用于验证的数据可以是星载数据、机载数据、站点测量数据、区域统计数据等。比如，就监测干旱灾害而言，MODIS陆地产品由遥感指数—植被健康指数（VHI）和改进的植物水分指数（MNDMI）进行表征，也可以通过统计降水量分布得到气象指数—标准化降水指数（SPI），将三种指数进行对比分析，检验MODIS数据产品的真实性（徐焕颖，2014）。同样搭载在Terra卫星上的ASTER传感器，提供30~150m分辨率的中高分辨率影像，其中数字高程模型（Digital Elevation Model，DEM）数据应用十分广泛。美国和日本合作的ASTER工作组，在全球设置了四个观测点，对DEM数据进行了真实性检验，其检验思路是对比美国地质勘探局（United States Geological Survey，USGS）提供的DEM数据和ASTER的DEM数据，计算误差率，均方根误差（Root Mean Square Error，RMSE）为±8.6m（Hirano et al.，2003）。在海洋卫星的风矢量产品验证中，其操作方法主要是利用已有的海洋数据，如美国国家环境预报中心（National Centers for Environmental Prediction，NCEP）的FNL（final）全球分析数据、国际海—气综合数据集（ICOADS）等，通过插值等时空匹配方法，对数据进行真实性验证（穆博等，2014；王东良等，2014）。

1.3.3 专题产品的真实性检验方法研究

遥感专题产品一般直接用于决策，其真实性检验较为主观和抽象，“尺度”难以把握，其关键点在于“是否满足了使用者的需求”。检验的内容和产品的专题息息相关，难以统一量化其真实性检验流程和结果。以减灾救灾工作为例，2008 年 5 月 12 日汶川大地震后，救灾工作组根据获取的重灾区航空光学遥感影像，观测房屋倒塌情况、山体滑坡情况等，对快速评定灾情起到了关键作用。雷莉萍等通过目视判别和插值的方法获取了大规模房屋倒塌信息，再结合实际调查数据、人口经济数据等，为救灾人员及之后的恢复重建工作提供了重要的决策依据（雷莉萍等，2010）。同时，范一大等基于 12 个国家 24 颗卫星的多元遥感数据，对汶川地震进行全面的灾情评估，总结了自下而上、逐级汇总的应急评估技术路线，并且将通过遥感数据得到的评判结果与民政部门灾后的统计结果进行对比，经过对比得出评判结果与灾区实际灾情情况具有很高的一致性（范一大等，2008）。此外，遥感产品应用在各方面减灾救灾工作中，如舟曲特大泥石流灾情监测（陈伟涛等，2014），芦山地震灾情的快速评估（李爱农等，2013）等工作中都起到了关键作用。这些评估灾情的思路通常为，使用高分辨率影像，通过计算机模式识别方法和人工判别方法相结合，提取出房屋倒塌、桥梁破损、山体崩塌滑坡等信息。需要指出的是，在评估工作结束后，要对结果进行真实性检验，即遥感专题产品应用成效的真实性检验。一般的做法为选取合适的样本点，将图像解译的结果与实地调查的结果进行对比，若有较高的一致性，则满足决策者的需求，即通过了真实性检验。

传统的风险评估，主要从致灾因子出发，如通过降水和温度变化监测旱灾，通过降水监测洪涝等，遥感数据可以在监测温度和降水变化的同时，还可以监测承灾体的变化。吴健生等通过 NDVI 变化，采用灾后同期影像的阈值，来监测雪灾森林植被的损失，测定受损森林面积为 12.09%，而统计数据为 9.11%，该研究指出了误差来源于遥感方法统计的森林面积要大于实地勘察面积，用遥感方法监测雪灾则可行（吴健生等，2013）。

在遥感产品的应用过程中，研究者及相关专业工作者利用遥感数据，通过目视判别、计算机模式识别等方法对灾情进行监测、对损失进行评估；而此项工作的真实性检验，需要结合实地调查数据，抽样评定监测评估方法的有效性。尽管遥感产品从获取到实际应用的每个过程都存在不确定性，其时效性、均质性还是大大优于大部分通过调查统计方法的，虽然每种方法都存在误差，但是可以根据不同的应用特性，选择不同的方法，以及配套的真实性检验，来有效地解决问题。

1.4 真实性检验业务与研究现状

1.4.1 业务现状

完备的真实性检验工作需要耗费大量的人力物力，在全球各地取样，取样方法、样本数量决定了真实性检验的信度。而事实上，“用数据的人”对数据的质量最为关心，应用范围较广的数据，如 MODIS、Landsat ETM+ 传感器数据等，其真实性检验工作更容易展开。表 1-5 总结了国内外主要卫星传感器数据产品真实性检验工作进展。NASA 技术报告服务系统（NASA Technical Reports Sever，NTRS）提供了 NASA 科学、技术和研究的相关报告，包含了卫星遥感数据产品的算法及真实性检验内容。其中以 MODIS 传感器的陆地产品验证最为完备。MODIS 陆地产品真实性检验工作组，收集和分析 EOS 陆地产品真实性验证核心站点的数据，结合野外测量、星载机载技术和其他同一类型的交叉验证数据，对 MODIS 各陆地产品进行验证。其工作依据遵循以下几项原则：平衡使用现有数据源，包括野外测量项目、其他数据网络和国际科研工作组已有成果；建设一套可以实现全球参与的核心站点数据收集与分发系统；尽可能多地集合现有地球科学科研人员。MODIS 陆地产品工作机制在保证自身产品验证质量的同时，为其他类型产品提供了更多数据来源。NOAA 对 AVHRR 水表温度的检验，选取了 12 个区域进行测量和校正（Li et al.，2001）；ASTER 的 DEM 数据产品的验证样本点分布在北美洲、南美洲和亚洲（Hirano et al.，2003）。由此可见，遥感数据和产品的检验工作需要全球科学机构的共同合作，制定检验的标准流程由各机构共同完成。在中国，已经设立了专门的真实性检验工作机构，包括国家航天局航天遥感论证中心、中国科学院遥感应用研究所遥感定标与真

表 1-5 国内外主要卫星传感器数据产品真实性检验工作进展

卫星 / 传感器举例	产品提供（P）及检验（V）								真实性检验工作机制
	数据产品		信息产品				专题产品		
			参数反演		解译提取				
	P	V	P	V	P	V	P	V	
MODIS	基础数据产品，包括各通道反射率等	依托其工作机制，真实性检验工作持续不断进行	包括陆地产品、海洋产品、大气产品等多方面	存在部分真实性检验工作，其中 LAI 最为完善	×	×	×	×	CEOS 成立的产品真实性检验工作组，其中 MODIS 陆地产品的验证工作较完备
Landsat TM/ETM+					×	×	×	×	
NOAA/AVHHRR				存在部分检验工作	×	×	×	×	综合定标与真实性检验系统（STAR ICVS）
资源三号卫星				存在部分文献中，尚未形成系统检验	立体观测与量测、空间信息解译与分析、高精度空间定位等产品	×	数字成图、地理信息成果更新等	×	国家航天局航天遥感论证中心、各卫星应用中心、测绘局等
HJ-1 星座 / CCD						×	灾害快速评估、风险评价等	×	
国家气象系列卫星				定期对产品进行抽样检验，形成监测月报	×	×	空间天气产品等	×	

实性检验研究室等，这两个机构是基于中国科学院遥感应用研究所成立的专门机构。检验工作虽已展开，但其工作人员不到百人，样本点多分布在内蒙古、敦煌等国内定标场，真实性检验工作的广度和深度还有待提高。

基于表 1-5 的现状调查结果，大多数卫星传感器的基础产品已进行真实性检验，而信息产品和专题产品的真实性检验尚未完全展开。事实上，公开提供后两类产品的机构也是有限的。在灾害监测和评估方面，国家减灾中心公开提供了重特大灾害的信息产品及专题产品，包括植被状态监测、长期干旱综合评估、重大灾害事件，如地震、滑坡等灾害评估。中国国家卫星气象中心也提供了一系列空间天气产品，包括全球高能质子分布图像、太阳黑子数中期预报图等。这些机构在提供遥感数据基础产品和增值产品的同时，还提供了一系列可直接使用的结论性产品，搭建了决策者、社会科学研究者和数据之间的桥梁。基于知识壁垒的限制，信息产品和专题产品更多地为决策者直接使用，其真实性检验显得更为重要。

1.4.2 研究现状

前文对真实性检验工作进行了定性的文献梳理，然而，一项定量化的、对现有的真实性检验工作展开情况的评估，可以更加全面地展现真实性检验工作的全貌。本部分利用文献综述的定量方法——荟萃分析，从真实性检验的产品类型、主导单位、参考验证数据、用户数等方面，定量地综合展现现有的真实性检验工作及其趋势（更多内容详见 Wang et al.，2018）。

荟萃分析（Meta-analysis），又称元分析，是由格拉斯（Glass）在 1976 年首次定义的一种文献定量分析方法。荟萃分析在把握研究现状、梳理现有文献关键指标等方面发挥着重要的作用，被广泛应用于数据不充足的研究领域，如医学等。对现有遥感应用产品的真实性检验研究的定量梳理，有助于把握真实性检验的关键问题。本部分荟萃分析关注的方面包括被检验的应用产品类型、主导真实性检验的机构、验证的参考数据和真实性检验结果的表达方式。

荟萃分析的检索平台为“Web of Science（version 5.24）”[①]，它是由科学信息机构（Institute of Scientific Information，ISI）发布的学术论文数据库，

---

① www.isiknowledge.com，访问日期 2019-05-15。

具备权威性和完整性。本荟萃分析选取的文献时间分别为：1980、1985、1990、1995、2000、2005、2010和2015年，标题中包括“validation（真实性检验）”和“remote sensing（遥感）”的文献被选入作为分析对象。在对符合筛选条件的文献进行逐篇梳理后，提取文章的关键信息，如验证产品类型和验证机构等。此外，当年文献中主题包括“remote sensing product application（遥感产品应用）”的文章数量被认为是用户总数量。

表1-6呈现了荟萃分析的初步统计结果，可以看出：1980—2015年，①验证产品总数增加，种类趋于多样化；②初期验证工作由国家机构主导，中期有更多研究机构加入，后期，国家机构在验证工作中势头减弱，大部分由研究机构承担，国际性项目出现；[①] ③地面测量仍然是主要方式，网络测量数据得到充分利用。且在文献整理的过程中发现：真实性检验结果表达方式趋标准化，RMSE已成为准确性（Accuracy）的代表指标，相关系数 r（本书中出现的 r 均指相关系数 r）、决定系数（R^2）仍然是描述数据拟合的重要参数，Kappa系数、生产者精度等被更广泛利用。

表1-6 标题中包括“真实性检验”的论文统计分析表（单位：篇数）

年份	产品类型			主导单位			验证参考数据					验证总数	用户总数
	数据	信息	专题	研究机构	国家机构	国际项目	地面测量	网络测量	其他RS	模型	其他		
1980	—	—	—	—	—	—	—	—	—	—	—	0	0
1985	—	—	—	—	—	—	—	—	—	—	—	0	2
1990	0	1	0	0	1	0	0	0	1	0	0	1	28
1995	1	0	0	0	1	0	1	0	0	0	0	1	32
2000	2	4	0	6	0	0	5	0	1	0	0	6	111
2005	9	11	0	15	5	0	12	4	3	0	1	20	151
2010	2	24	1	18	9	0	13	8	3	3	0	27	258
2015	9	31	3	31	10	2	26	10	5	2	0	43	461

① 注：此统计中出现的主导单位为文献中第一作者的单位。其中研究机构主要包括大学和研究所；国家机构指事业型单位，如气象局、航空航天局等；国际项目指国家之间的合作项目。下同。

结合表1-6的结果，通过对现有真实性检验研究的文献进行定量分析，发现在检验结果的表达方式、验证产品类型、主导单位、用户数量等方面，均呈现一定的趋势和变化。下文将依次阐述。

1. 真实性检验结果的表达方式正在发生变化

随着时间的推移，真实性检验结果的表达方式正在发生变化。在2000年以前，一些基本描述方法，如散点图（Barnsley et al.，2000）、正确比例（Steffen & Schweiger，1990）等被广泛用于表达“准确性”的程度。其中，只有少量研究使用更为定量的表达方式，如R^2等（Schumacher & Houze，2000）表达准确性。在2005年，随着越来越多的真实性检验工作的开展，结果的表达方式正在趋于规范化和数值化。大多数研究将图形化的散点图和数量化的统计分析相结合，引入了偏差（bias）（Coll et al.，2005）和RMSE（Allan et al.，2005）等。这种相结合的表达方式，在直观表达结果的同时，增强了结果的可靠性。自2005年至2015年，RMSE越来越成为表达真实性检验结果的必要方式（Mladenova et al.，2010；Mantas et al.，2015）。此外，一些矩阵式的表达，如Kappa系数（Hoekman et al.，2010），也被广泛用于土地利用覆盖产品的真实性检验结果的表达中。

2. 验证产品总数增加，种类趋于多样化

信息产品比重自2000年开始逐年增加，这反映了用户使用遥感产品的迫切需求；而随着真实性检验工作的进展，近年来数据产品验证热度有回升现象，这反映了用户对基础产品的真实性要求逐步增高（图1-8）。正如肖特（Shott）（2007）所说，遥感链式产品的精度，是由链条中最薄弱环节决定的。

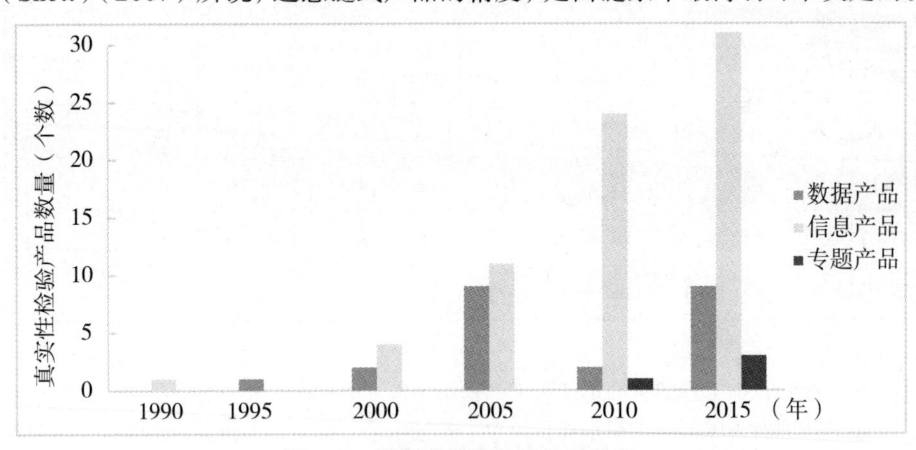

图1-8 真实性检验产品类型分布

3. 主导单位由国家机构向研究机构转移

在真实性检验工作发展的初始阶段，工作主要由国家机构（NASA，NOAA）主导；中期更多研究机构加入；后期，国家机构在验证工作中势头减弱，大部分由研究机构承担，国际性项目出现（图 1-9）。这反映了随着真实性检验工作的深度和广度的加深，工作难以由一家单位完成，亟须多机构的交流与合作。

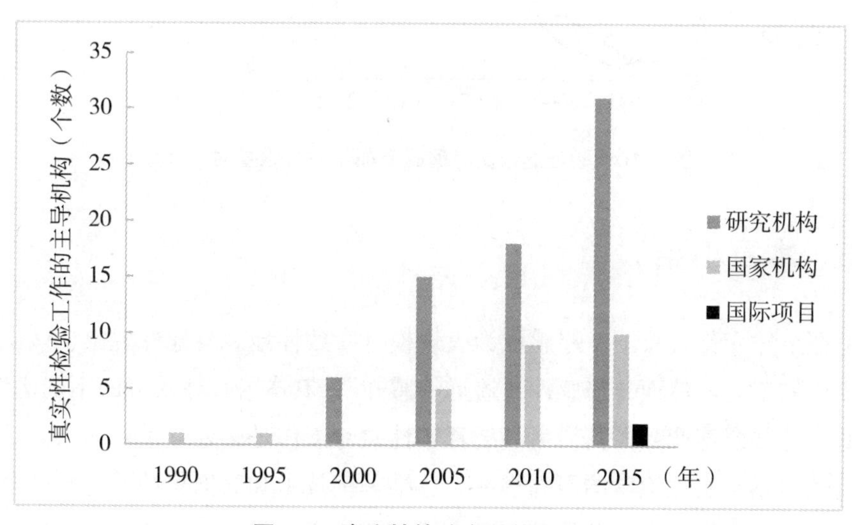

图 1-9 真实性检验主导单位分布

4. 真实性检验工作可促进遥感产品的应用

对比近年来真实性检验数量和用户数量（图 1-10），发现自 2000 年 Terra/Aqua 卫星发射以来，验证数量在 2000—2005 年陡升；相应地，遥感产品的用户数量在 2005—2015 年急剧增加。中低分辨率遥感产品在全球应用更为广泛，且可依靠高分辨率产品和地面测量进行验证，因此 2000 年后真实性检验工作进展迅速。而随着验证工作的逐步完善，遥感产品的用户数量也逐渐增加。

此外，真实性检验工作在 2010—2015 年也呈现出增加的趋势，这和遥感产品用户数量的增加相关。由此可以看出，遥感产品的真实性检验工作和产品应用程度是相互促进、螺旋交替发展的。

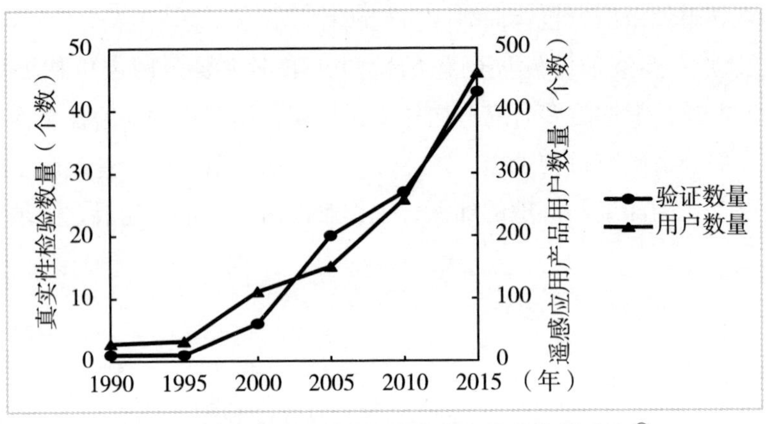

图 1-10 验证总数量与遥感产品用户总数量对比[①]

1.5 本章小结

在全球变化背景下，遥感成为大规模、一致性地观察地球现象、认识环境规律的工具。然而，遥感即“遥远的感知”，其本身存在较大的不确定性。因此，开展遥感产品及其衍生品的真实性检验工作是必要且重要的。本章通过梳理遥感真实性检验的研究进展，总结关键技术和数据集情况，并结合灾害遥感应用产品的真实性检验工作进行展开分析。定性地介绍了遥感技术在全球的应用现状和存在的问题，分析了遥感数据及其产品真实性检验的必要性，总结了遥感真实性检验技术以及灾害遥感应用产品真实性检验的现状及研究趋势。定量地对 1980—2015 年已公开发表的文献进行文献定量分析，总结真实性检验工作的发展趋势，发现：①真实性检验结果表达方式正在发生变化；②验证产品总数增加，种类趋于多样化；③主导单位由国家机构向研究机构转移；④真实性检验工作可促进遥感产品的应用。随着产品分级的加深，用户需求的趋多样化和专业化，面向应用的遥感专题产品的真实性检验工作尤为重要，不容忽视。本书旨在通过梳理遥感产品的真实性检验现状，讨论真实性检验的内涵，提出面向用户应用的真实性检验要点，分析业务层

① 注：用户数量远多于图表中的数量，在本图中，以当年主题为“remote sensing product application”的文章数量代表遥感应用产品的用户总数量。

面和应用层面真实性检验间的关系，构建灾害遥感产品真实性检验理论，介绍灾害遥感产品真实性检验的方法体系，并以水体指数为例，开展了面向应用的水体指数遥感产品真实性检验软件设计和案例实践工作。

第二章　面向用户应用的灾害遥感产品真实性检验的理论与方法

在进行真实性检验工作之前，我们需要明晰产品真实性检验的理论和方法，本章首先通过探讨真实性检验的内涵，明确真实性检验在实际业务与用户应用中的“桥梁”角色，构建面向用户的真实性检验理论和方法体系，为后续的软件设计提供理论与方法支撑。

2.1　真实性检验内涵

真实性一词最初用于描述博物馆的艺术展品，后出现在哲学领域的研究中。至今，真实性的概念存在于各个领域，通常指一件产品反映了真实情况的程度。遥感是一项对地观测技术，通过遥感得到原始影像的 DN 值，再对 DN 值进行处理再分析后的产品，称之为遥感应用产品。

在讨论真实性内涵之前，首先需要明晰为什么会有“不真实性”，即“不确定性”出现。卡斯蒂（Casti，1997）曾经提出“三个世界”的观点，即“现实观测世界”“数学逻辑世界”和“计算估计世界”。研究者试图弄清楚现实世界的客观事实，依据数学世界的逻辑去设计流程；然而，连接客观的现实世界和数学世界需要基于模型建设和参数设计的计算世界。采用的模型不同，就造成了表达现实世界的分歧，也就出现了“不确定性”。对不确定性的定性和定量的评价过程，即为真实性检验过程。现尚未存在对遥感产品真实性检验的统一定义。从统计层面上看，遥感产品的真实性检验指产品的准确性测量，准确性包括“无偏”和“精度”两个方面。从应用层面看，NASA 在验证 MODIS 地面产品真实性时给出的定义是，通过比较传感器反演的数值与能够表现真值的对照数据，以此评价其中不确定性的过程（Justice et al.，2000）。张仁华等（2010）将其定义为正确的评估遥感应用产品的精度，并且指出是应用者相信的精度。

上述对遥感产品真实性检验的定义，尚局限于精度的范畴，这样定义是不够完善的。真实性检验的核心是将被检验的产品与真实值进行比较，而遥感获得像素值与表征地物的差异始终存在，不存在绝对的真值，只能表达为“相对真实”，且真实性的范围随着用户需求的变化而变化。因此，本书认为面向应用的遥感产品真实性检验是指，明确不确定性来源，给出不确定性定量结果，综合评判不确定性结果从而给出产品可靠性的定性评价的过程。定量计算精度的过程是验证模型的业务层面，定量评估可靠性的过程是和用户沟通的应用层面。因此，产品真实性检验的可靠性（V）是满足一定“条件（P）”的“不确定性（uncertainty）”描述和“精度（计算精度的三种方式分别为 bias、precision、accuracy）”的模糊集合（式 2.1，2.2，2.3，2.4）。其中，uncertainty 是对不确定性的定性分析或描述，bias 是产品的偏差程度，precision 是产品的集中程度，accuracy 是用 RMSE 表示的产品精度；而 P 是分别对前四者的容忍区间的集合。

$$\mathrm{V} = \left\{\text{uncertainty, bias, precision, accuracy}\right\} \cap \mathrm{P} \tag{2.1}$$

$$\text{bias} = \frac{1}{n}\sum_{i=1}^{n}\left(\hat{y}_i - y_i\right) \tag{2.2}$$

$$\text{precision} = \sqrt{\frac{\sum_{i=1}^{n}\left(\overline{e_i} - \widehat{e_i}\right)^2}{n-1}} \tag{2.3}$$

$$\text{accuracy} = \sqrt{\frac{\sum_{i=1}^{n}\left(y_i - \widehat{y_i}\right)^2}{n}} \tag{2.4}$$

基于遥感产品的特性，图 2-1 是 bias、precise 的图形含义。当样本点离散并且有偏的分布在地面真值附近时，此产品是 biased 和 imprecise；当样本点离散并无偏的分布在地面真值附近时，此产品是 unbiased 和 imprecise；当样本点聚集并有偏的分布在地面真值附近时，此产品是 biased 和 precise；

当样本点聚集并无偏的分布在地面真值附近时，此产品是 unbiased 和 precise，此时产品的准确性是最高的。

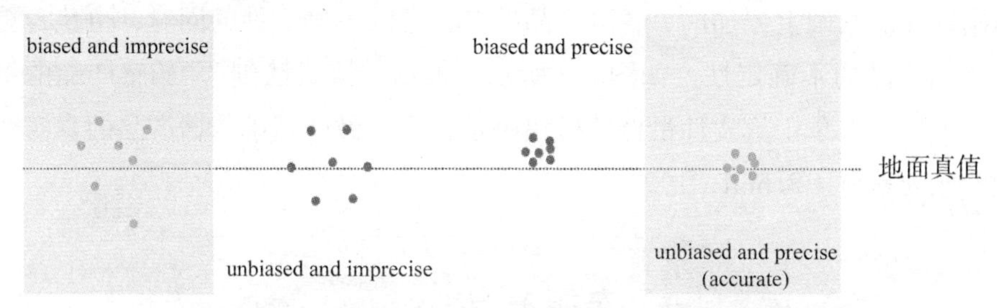

散点偏离真实值的程度、聚集程度分别代表 biased 和 precise 的含义

图 2-1　bias、precise 的图形含义

基于此真实性检验定义，本部分将回答以下三个问题：检验的主要内容是什么，包含了怎样的不确定性，即检验的对象主体；如何定量表达检验的结果，计算精度的方式有哪些，即检验的结果表达；如何评价检验的定量结果，真实可靠的条件是什么，即检验的评判标准。

2.1.1　产品分级决定真实性检验的对象主体

不同于其他产品，遥感产品呈“链式”生产，且链条上的每一个中间产品都可直接被使用。由此，遥感应用产品呈现出分级的特征，随着处理分析的程度加深，遥感应用产品不断趋于某种应用途径，产品分级趋于专业化，而不确定性也不断累加。因此，针对不同级别的遥感应用产品的真实性检验，应有不同的侧重内容，即产品分级决定真实性检验的对象主体。依据遥感应用的工作流程，结合遥感技术的特点，灾害遥感产品被分为三级：数据产品、信息产品和专题产品。在第一章，本章详细阐述了遥感产品的分级，相应地，附录 3 给出了灾害遥感产品的分类分级标准，在此不再赘述。

产品的不确定性会随着产品级别的升高而累加。这种不确定性即数据数值与“真值”的差异，来源于测量、模型和尺度效应、人工因素等各方面。测量中的不确定性包括传感器初始设计、传感器性能及后续维护、大气传输性征、地表特征等；模型中的不确定性指从遥感数据到遥感信息产品的转换中出现的不确定性，尺度效应的不确定性是指不同空间分辨率的尺度转换中产生的误差；越高级别的应用产品，加入人工主观分析的因素越多，其不确定性也逐渐加大。需要特别指出，高级别产品的不确定性是在低级别产品的不确定性的基础上累加的，各级产品拥有自己的不确定性的同时，也包含更低级别产品的不确定性，如图 2-2 所示。根据“链式法则”，遥感产品的真实性由生产链条中真实性最低的模块决定，因此做好基础数据产品的真实性检验尤为重要（Schott，1997）。

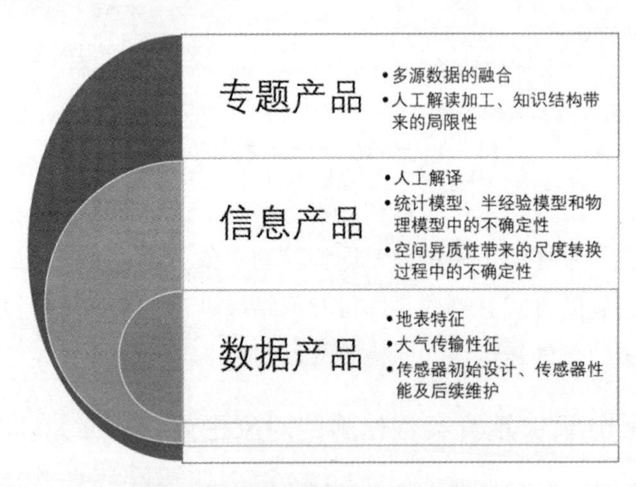

图 2-2 遥感应用产品不确定性来源

2.1.2 时空精度决定真实性检验的结果表达

深入分析遥感产品的不确定性，对其进行真实性检验，时空精度是定量表达其结果的方式。在统计中，一般使用“准确性”定量表达“不确定性”，而准确性包含了“无偏”和“精度”两个方面（Foody & Atkinson，2002）。通常来说，用 RMSE 表征数据偏离真值的离散程度，即评估精度；用决定系数（R^2）表征数据与真值的拟合程度。在中文的习惯表达中，精度在一定程度上代表了准确性的含义。推及遥感产品的精度计算，即产品呈现的数值结果与其表现内容真值的差异。然而，遥感产品由传感器接收的辐射亮度转换处理而来，其表现地物的“真值”是不存在的。图 2-3 为基于准确性定义的真实性检验内涵，遥感产品数值围绕绝对真值离散分布，且随着产品分级的加深，不确定性逐渐增加，产品数值分布更加离散且有偏。在评估产品的精度时，若产品数值在离绝对真值可容忍范围内，视为产品可靠，即通过了真实性检验。

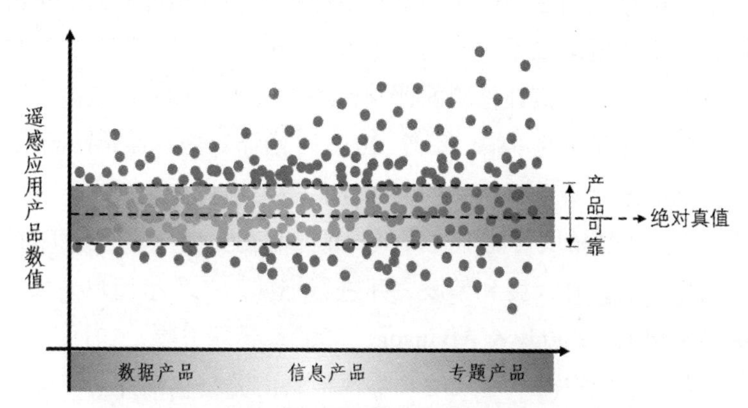

图 2-3　基于准确性定义的真实性检验内涵（见插页）

遥感应用产品需要达到一定的空间精度。保留其他产品质量检验中的“合格率”内涵的同时，基于地理信息的产品具备自己的特点：①产品存在空间异质性，合格率的标准如何确定，不能依据普通产品的质量检测划分一致的标准；②产品的精度可由多种方式表达，学者可利用回归建模，比较被检验产品和参考产品的相关性，也可列出矩阵，利用“生产者精度”“用户精度”“总体精度”等表达。遥感应用产品需要符合一定的时间精度，即常说的数据一致性。区别于普通产品，遥感应用产品的时序性强，在检验产品的准确性的同时，数据的一致性，也是保证产品质量的重要方面。

除精度外，真实性检验过程也要有一定效度，检验站点应具有代表性。地面站点的连续观测数据，是真实性检验工作重要的数据来源。遥感数据及其产品数量巨大，涵盖范围极广，地表及大气间区域性强，这三个特点决定了遥感产品的真实性检验只能通过抽样来完成。徐保东等提出了基于点面特征和空间异质性两个指标，来评价地面站点观测数据的代表性（徐保东等，2015）。站点的选择，在很大程度上决定着真实性检验工作的效度，如何在空间和时间上进行科学的抽样，是其检验操作过程的重要议题。

2.1.3 能否满足用户需求决定真实性检验的评判标准

事实上，定量评估遥感产品的不确定性在得到其精度后，其传统意义上的真实性检验工作就结束了。然而，随着如今产品的逐级深化，如何对定量结果进行评估并制定真实性检验的评判标准，成为一项新的议题。地学属性的“真值”是客观存在的（张仁华等,2010），然而对应其遥感产品的“真值”难以度量，这就意味着遥感产品的真实性检验工作将持续进行。随着观测尺度的不断增大，产品精度可能随之降低，如何对真实性检验的结果进行评价，需要针对用户需求，在尺度和精度之间进行把握，脱离了用户需求的真实性检验是难以深化的（Foody & Atkinson，2002；吴炳方等，2015）。

图 2-4 为基于用户需求定义的真实性检验内涵，正确评估不确定性和定量计算产品精度是业务层面的实际工作内容，而用户需要得到“产品是否可靠”的定性结果是连接业务和用户的应用层面的工作内容。如何确定产品的可靠性是真实性检验的核心，因此用户需求才是真实性检验的评判标准。

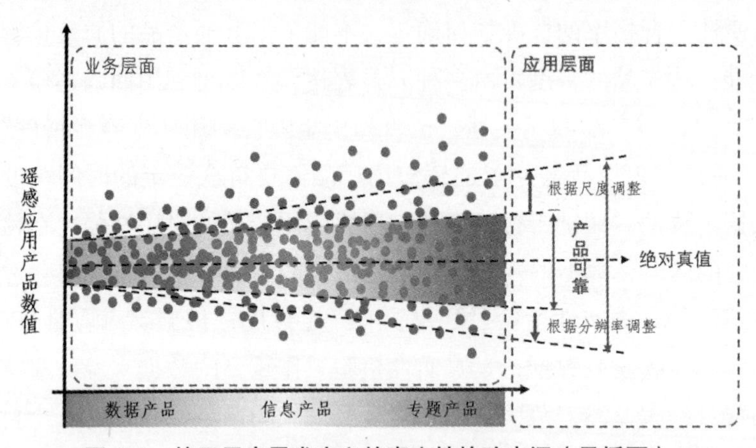

图 2-4 基于用户需求定义的真实性检验内涵（见插页）

然而“可靠”是一个相对模糊的概念，具体的可靠条件需要根据用户需求进行调整，因此遥感应用产品的真实性检验的评判标准也可以理解为“是否满足了该级用户的需求”。用户的需求分析多存在于卫星发射前的研讨阶段，在遥感产品发布之后，少有对用户反馈的研究。穆约等（Mouillot et al.）深入分析了表征火烧迹地遥感产品的种类及其精度，并且对 47 名一线科研工作者进行了问卷调查，从产品类型、精度、地理准确性、时效性、质量指数和数据表达方法六个方面明晰了用户对该类产品的需求（Mouillot et al., 2014）。推而广之，表 2-1 总结了遥感应用产品的主要用户来源，分析了不同层级用户的主要需求。遥感最初始于人类对地观测的需要，包括环境科学、地理科学、全球变化领域等的地学领域研究者始终是遥感应用产品的主要用户。而随着学科间壁垒的逐渐弱化，其他社会科学领域的学者，也可利用遥感产品进行研究，如夜间灯光指数就是表征城市化进程、经济发展状况的一个有效指标（吴健生等，2014）。在管理者和决策者应用方面，小到通过天气预判来决定活动场地安排，大到应用气候变化研究进行国家之间的谈判，这些都是直接应用遥感专题产品的过程。

表 2-1　遥感应用产品主要用户来源及不同层级用户的主要需求

用户种类	特征分析	产品类别	应用举例	需求分析
遥感领域研究者	需要使用初级数据产品进行算法开发、模型应用等	数据产品	通常是遥感数据产品的初级类别，如 MODIS Level-0 产品，这类应用成果通常可被另外两种用户使用	产品保持一定的精度和一致性
对地观测研究者	具备一定遥感知识，直接将遥感产品应用于其他领域	信息产品和专题产品	可用夜间灯光指数表征经济发展状况（吴健生等，2014）	产品类型通用、概念准确易懂、有不确定性说明
决策者	需要快速了解某一专题内容，从而辅助决策	专题产品	在灾害救援中，决策者需要及时准确地辨别灾害发生中心及其受灾程度（李爱农等，2013）	产品概念准确、方法正确、有不确定性评估等

结合表 2-1 的用户需求分析和遥感应用产品的使用实践，对于是否满足用户的需求我们可以从以下四个方面考虑：①产品是否满足对时效、尺度、精度的要求；②产品是否对不确定性进行了合适的定性或定量表达；③产品是否易获取，数据格式是否易处理；④产品是否能够满足使用途径的特殊要求。

综上所述，遥感应用产品的真实性检验内涵应当包含三个方面：对象主体，不同级别的产品具有不同的不确定性来源，具有不同的检验对象；结果表达，包括时空精度和抽样的科学化；评判标准，衡量真实性检验结果，需要判别是否满足用户需求。对象主体决定了检验工作的过程内容，结果表达是对检验过程的定量评价，评判标准是对结果表达的再一次评价分析；结合“过程”和“结果”，综合评定遥感应用产品的真实性，是对真实性检验较为全面的一种理解。

2.1.4 面向用户应用的真实性检验是连接遥感产品和用户的桥梁

前文循序渐进地阐述了真实性检验的内涵，突出用户需求在新时期应用背景下真实性检验的重要性，本部分对真实性检验的角色进行更为深入的讨论。在传统的真实性检验工作中，定量表达精度是其重要的一部分，而随着产品分级的加深，产品的不确定性逐渐增加，精度降低，应用相同的阈值对产品的真实性进行判定是不恰当的。另外，不同分级的产品对应的主要应用对象不同，其需求也有相应的变化。如图 2-5 所示，真实性检验承担起了遥感产品与用户沟通的桥梁作用，科学地赋予产品真实性检验结果，促进用户对产品的使用。数据产品、信息产品和专题产品的真实性检验重点分别为地面站点建设、模型校正和验证以及用户需求。真实性检验作为连接桥梁，一方面，连接遥感产品和用户，促进产品被广泛地应用；另一方面，连接专业遥感领域和多学科交叉领域，大大增加遥感产品的受众程度。

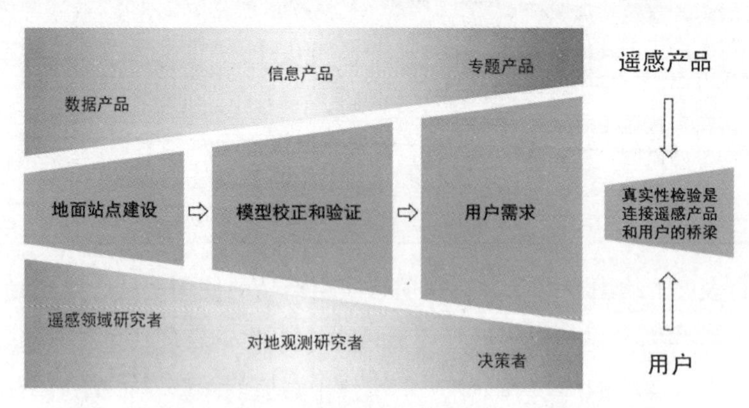

图 2-5 真实性检验：连接遥感产品和用户的桥梁（见插页）

2.2 面向用户应用的灾害遥感产品真实性检验理论构建

2.2.1 面向用户应用的灾害遥感产品真实性检验理论与方法体系

灾害遥感产品是一种典型的面向用户的遥感专题产品。灾害遥感产品是贯穿灾前监测、灾中应急和灾后恢复评价的基础，由此，其面向的用户也极为广泛。面向的用户包括进行基础科学研究的科研工作者，进行实际业务操作的人员，进行灾害风险管理的决策者等。强调面向用户的专题产品检验显得尤为重要。结合 2.1 节中对真实性检验内涵的讨论，面向用户应用的遥感产品真实性检验应随着用户需求进行调整(图 2-6)。

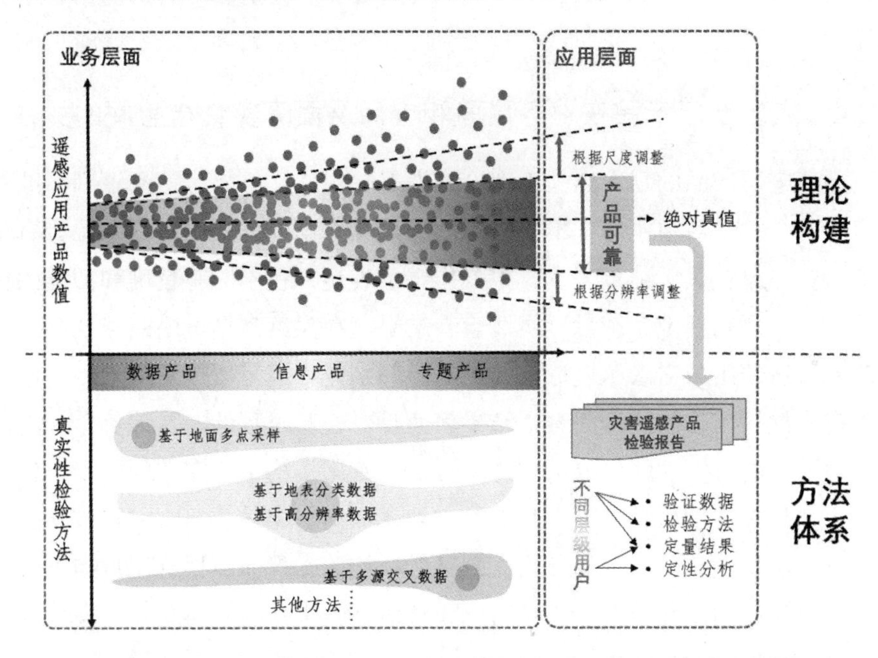

图 2-6 灾害遥感产品真实性检验的理论构建与方法体系示意图(见插页)

图 2-6 的下半部分是真实性检验的方法体系，即如何实现“面向用户应用的真实性检验”。特别指出地是，面向用户检验的方法仍然是常用的遥感技术方法。随着技术的发展，遥感应用算法不断革新，然而，从工程师的算法到用户感知到的应用结果，仍然存在一定沟壑。而本书一直强调的是面向用户的真实性检验是连接遥感产品和用户的桥梁，面向用户的检验将促进产

品被更广泛应用。

“面向用户”包含两方面的含义：其一，将传统的多种方法集成，用户可快速地选择多种方法进行检验，这是方法集成的体现；其二，检验后能快速生成检验报告，报告包含各级用户想要获取的关键信息，这是对接用户需求的设计体现。在理论方面，从对象主体、结果表达和评判标准的递进过程中，“可靠性”（即产品可用）是真实性检验的核心，也一并体现在方法体系中。在方法体系方面，业务层面上的几种真实性检验方法（详见 2.3）面向的主要产品类型不同，各有侧重的适用范围；应用层面上不同层级用户（从专业的遥感领域研究者、多学科交叉的对地观测研究者，到直接应用产品结果进行决策的决策者），关注的真实性检验结果的侧重点不同，前二者更加关注检验方法和定量结果，而决策者更加关心定性分析，即“产品是否可靠”。

2.2.2 灾害遥感产品在业务层面和应用层面真实性检验间的关系

遥感应用产品的真实性检验理论是由对象主体、结果表达和评判标准三者组成的。关于对象主体，不同级别的产品具有不同的不确定性来源，有不同的检验对象；关于结果表达，主要指定量表达，包括时空精度和抽样的科学化；关于评判标准，衡量真实性检验结果，在尺度和精度之间（或时效性等其他特殊的用户需求）进行把握，需要判别是否满足了用户需求。对象主体决定了检验工作的过程内容，结果表达是对检验过程的定量评价，评判标准是对结果的再一次评价分析。这三者从头到尾构成一个完整的流程，科学地赋予产品真实性检验结果（图 2-7）。对不同对象主体进行真实性检验，获取定量的准确性结果，是业务层面的真实性检验；然而，根据用户需求，给出产品可靠性的定性结果，是和用户紧密结合的应用层面的真实性检验。

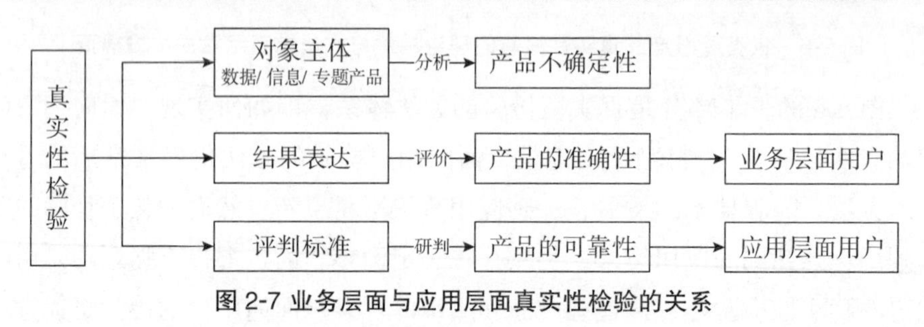

图 2-7 业务层面与应用层面真实性检验的关系

遥感数据获取过程复杂，包括对地观测的测量过程、提取光谱信息过程、分析光谱信息到数据应用的过程和用户使用数据的过程，四个过程循序渐进，主观因素增多，后三者均为对数据产品的再加工。随着人工判别和人工干预的加入，遥感数据的不确定性也逐渐增加，遥感数据的“真值”是不存在的，数据精度满足用户需求，即为通过了真实性检验。

在实际的真实性检验流程中，完备的真实性检验包括三个过程：第一是低等级数据产品的辐射定标和几何校正过程；第二是应用产品的检验过程，包括用小尺度的高分辨率影像检验大尺度的中低分辨率影像和用实测数据验证遥感观测数据两种，这是遥感数据真实性检验的核心过程；第三是基于用户级别的交叉数据源验证，这一步决定了真实性检验的边界条件，不同数据、不同用途应有不同的真实性检验要求。第一步和第二步基于业务层面，而第三步是和用户紧密相关的应用层面的内容。

2.2.3 面向应用的灾害遥感产品真实性检验的实践作用

灾害发生、数据获取以及产品生产在业务流程上是有先后关系的。在灾害发生时，灾害遥感应用部门将数据需求转换为卫星工作指令，获取遥感影像数据，之后，灾害遥感应用部门根据获取的多源数据（包括遥感影像，地面采样数据等）进行灾害遥感应用产品的生产。生产的产品经定量定性评价后直接呈报给决策者，用于灾害全过程的决策（图 2-8）。

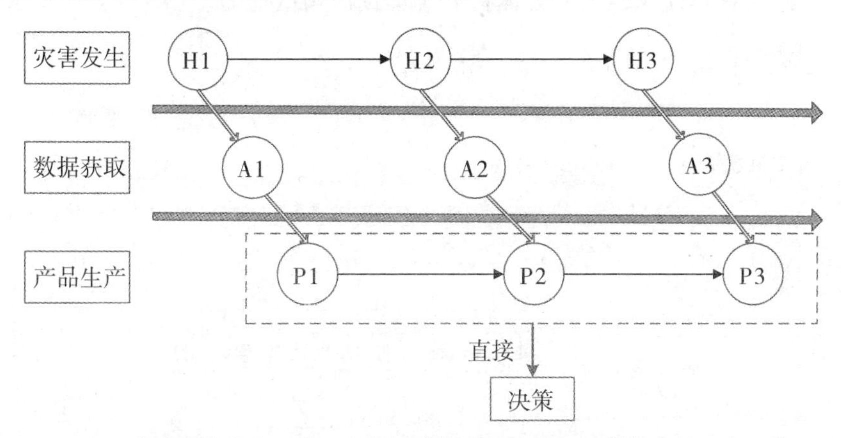

图中 H 代表灾害发生环节，A 代表数据获取环节，P 代表产品生产环节

图 2-8　产品生产与决策的直接关系

目前，在遥感数据源的支持下，与遥感相关的各种机构生产出大量的遥感应用产品，产品使用者也需要相应的遥感应用产品辅助决策过程，但双方对遥感应用产品的评价方式和理解有所不同。一方面，生产者生产出的各级产品，随着产品级别的增加，产品的不确定性也逐渐增加，精度逐渐降低，生产者对产品采用定量指标进行评价，只能给出产品精度，却无法定性评价产品“好”或者“不好”；另一方面，不同分级的产品对应不同的用户，不同的用户对产品的需求也有所差异，如使用专题产品的决策者更希望能直接从产品中获取产品概念和不确定性评估结果，以此作为决策依据，而非生产者给出的量化的精度指标值，这使得产品供给与决策需求之间的匹配度较低。真实性检验可以对产品结果进行再一次评价分析，综合评价遥感产品的真实性，从而连接了遥感产品和应用用户，在一定程度上提升了产品供给和决策需求之间的匹配度（图 2-9）。

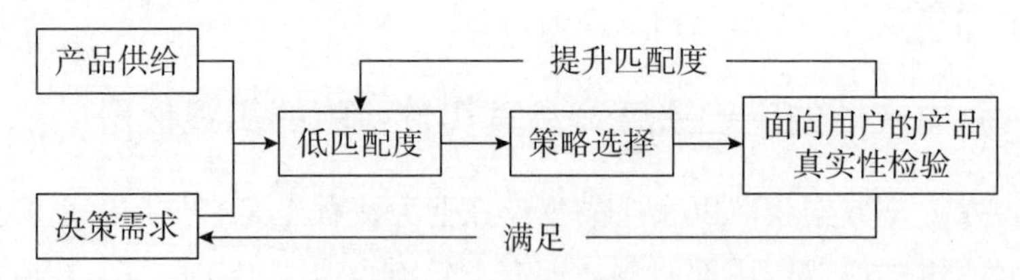

图 2-9　真实性检验在灾害遥感产品供给和决策需求中的作用

在考虑产品生产和决策需求之间的矛盾后，在产品生产环节之后进行产品真实性检验，将检验结果用于决策过程（图 2-10），这一方面促进了遥感应用产品的有效使用，另一方面提升了辅助决策的能力。

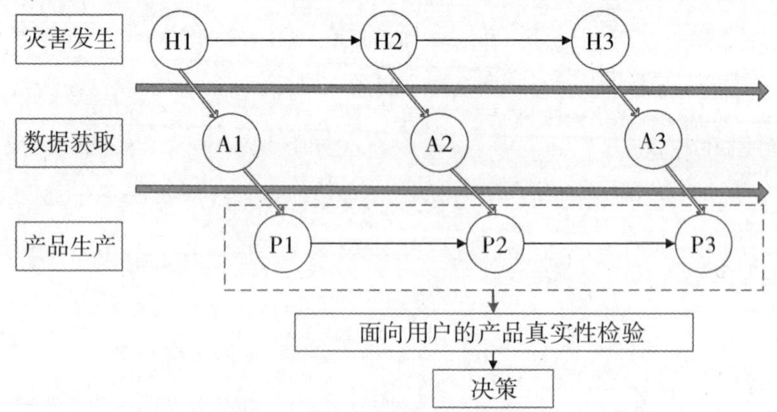

图中 H 代表灾害发生环节，A 代表数据获取环节，P 代表产品生产环节

图 2-10　产品生产与决策的间接关系

某次灾害发生后，决策者需要在短时间内获取多种数据用于辅助灾情判断和灾后救援，但数据获取存在一定的周期。灾害发生后第一时间仅能获取有限的遥感影像，如 GF-4 卫星是地球同步轨道卫星，具有高时间分辨率，在对影像进行粗略处理后直接呈报给决策者，用于灾情初步判断（图 2-8）。在这种情况下尽管不能保证产品精度，但也为决策过程提供了重要的依据。随着灾情状况逐步好转，研究人员可前往现场获取实测数据，对之前提取的灾害遥感产品进行完善，并利用实测数据检验，给出定量精度评价结果。此外，其他时间分辨率相对较低但空间分辨率更高的遥感影像（如 HJ-1A 影像等）以及更可靠的遥感产品（如水体指数产品等）也可逐步获取，从而实现对灾害遥感产品的交叉检验或基于高分辨率数据的检验，使检验过程更加完善；一些精度较高的地表分类产品也可作为参考数据，用于灾害遥感产品检验。（图 2-11）

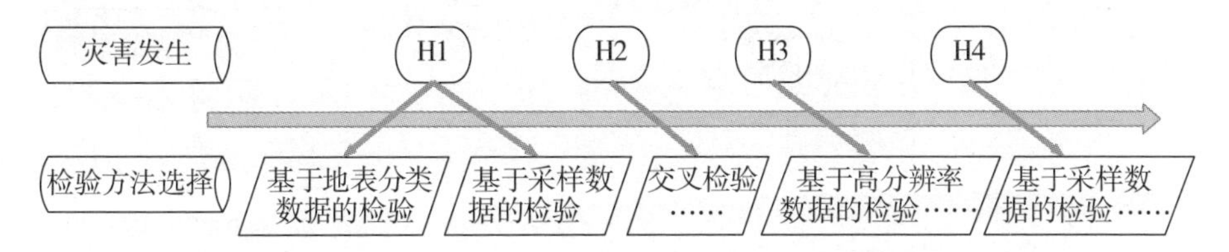

图 2-11　检验方法随灾害事件发展和数据获取进程而选择的过程

总体而言，距离灾害发生的时间越久，可获取的检验数据越多，则真实性检验的可靠性越高，从而能更好地服务于决策过程。

2.3　面向用户应用的灾害遥感产品真实性检验方法

2.3.1　灾害遥感业务产品真实性检验的常用方法

对遥感减灾应用产品而言，常见的真实性检验方法主要有交叉检验、地面多点采样检验、高分辨率数据检验、地表分类数据检验以及灾情动态演变检验等，而不同的检验技术和方法有着不同的产品受众（图 2-12）。

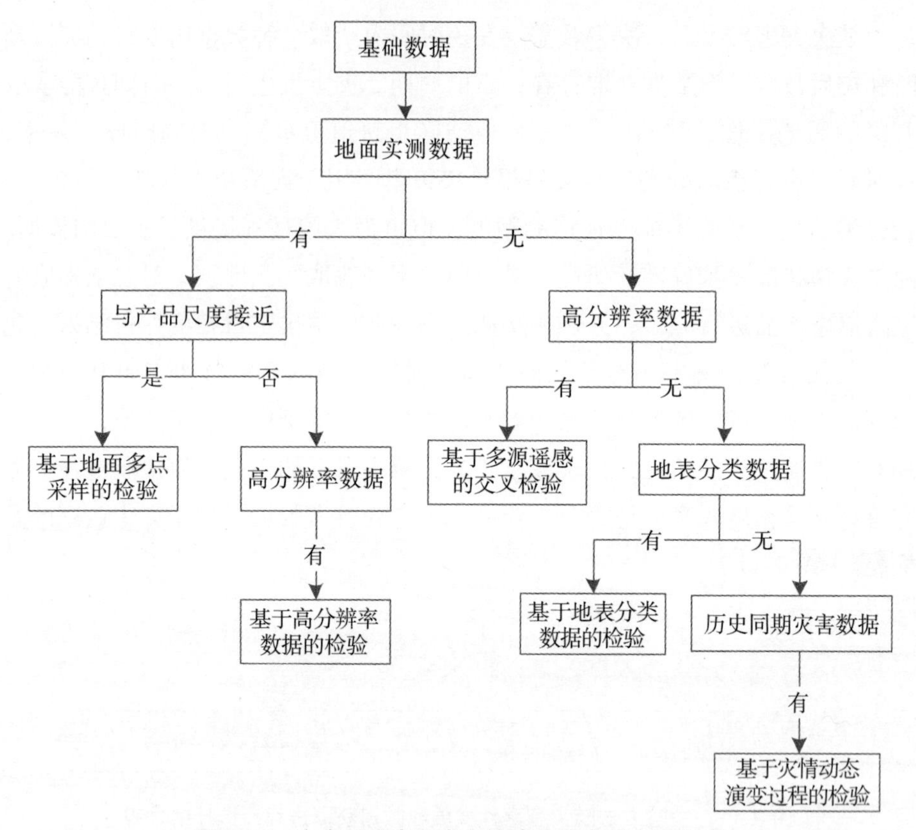

图 2-12　灾害遥感产品真实性检验技术和方法集成

基于多源交叉数据的检验方法可应用于各类产品的检验，基于地面多点采样的检验方法多用于数据产品的检验，基于地表分类和高分辨率数据的检验方法主要应用于信息产品的检验。将多种检验方法“集成”在一起，结合用户需求，分析研判产品可靠性的过程，是面向业务应用的真实性检验方法的核心。

2.3.1.1　基于多源数据的应用产品交叉检验方法

基于多源数据的应用产品交叉检验技术的关键是要获取同类且精度得到认可的遥感产品。在没有地面测量数据支持的情况下，把时相接近的不同产品统一到相同的投影坐标系和空间分辨率下，通过建立一定的关系模型比较不同的产品，评估产品的精度，最终验证得到的精度是相对于参考产品的相对精度。技术流程见图 2-13。

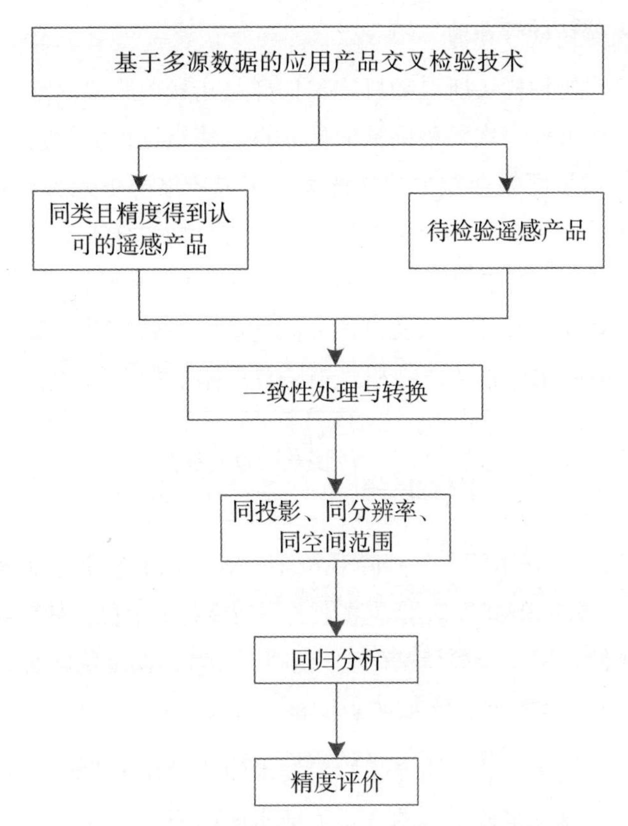

图 2-13　基于多源数据的应用产品交叉检验技术

基于多源数据的应用产品交叉检验方法基本步骤如下。

1. 选择同类且精度得到认可的遥感产品

对水体指数产品来说，可选择 HJ 卫星水体指数产品 MODIS 水体指数产品等作为标准产品。(在标准产品处理还未生成的情况下，可先选择相近时间、相近地理位置的 HJ 卫星遥感影像数据)。

2. 待检验数据和标准产品预处理的一致性转换

为防止影像过大影响后续运算，对待检验数据和标准产品都要先进行空间裁剪，并转换为相同的投影，若标准产品的空间分辨率高于 GF-4 卫星遥感数据产品的分辨率，则先对其进行空间重采样，使得两者空间分辨率相同。此外，还要注意波段是否一致，若不一致，则需要利用波段响应函数做波段转换。最后获取同投影、同分辨率、同空间范围的水体指数产品。

3. 数据抽样和精度获取

利用随机均匀抽样（所谓随机均匀抽样是指按照距离固定、在每间隔一定距离的情况下采样一次的规则抽取像元点，使被选择的像元点在影像上均匀分布）的方式从两幅影像中抽样选取点（或者格网单元），然后提取抽样点（或者网格单元）在两幅影像上的结果，进行抽中样本精度分析，主要方法为回归拟合计算，建立两影像值之间的关系模型，再对模型精度进行评价，评价指标为 RMSE、预测值和实测值之间的相关系数 r 以及模型的决定系数 R^2，即得到待检验水体指数产品相对于参考水体指数产品的相对精度。

$$\mathrm{RMSE}=\sqrt{\frac{\sum_{i=1}^{n}\left[E\left(y_i\right)-y_i\right]^2}{n}} \tag{2.5}$$

其中，$E(y_i)$ 表示第 i 个实际观测值；y_i 为第 i 个模型反演的预测值；n 为观测样本总数。RMSE 常用以量化模型精度，而 r 可评估模型的精确性。RMSE 数值越低，回归模型越精确。r 越接近于 1，模型精度越高。

2.3.1.2　基于地面多点采样的应用产品检验方法

基于地面多点采样的应用产品检验技术的关键在于设计出合理的采样方案，本研究主要通过实地采样的方式验证水体面积、洪涝受灾范围和水体指数等水旱灾害专题产品，通过对按照一定规则布设的多个样点分别观测，确定采样点的属性值，从而实现对产品精度的评价。技术流程见图 2-14。

基于地面多点采样的应用产品检验方法的具体步骤如下。

1. 采样方案的设计及典型实验区采样

结合水体指数产品真实性检验插件给出的建议采集点及实地水陆状况，设计有规律样点的采样方案，利用移动终端在典型实验区内水体和非水体中进行样点属性的采集（包括坐标位置、高程、属性类别值等）。

2. 待检验数据的预处理及水体产品的获取

对待检验的 GF-4 影像数据进行空间裁剪、投影转换等操作以方便运行处理，然后通过水体指数运算及阈值运算得到三值数据（水体、非水体、背景，分别赋为 1、0、−1）。

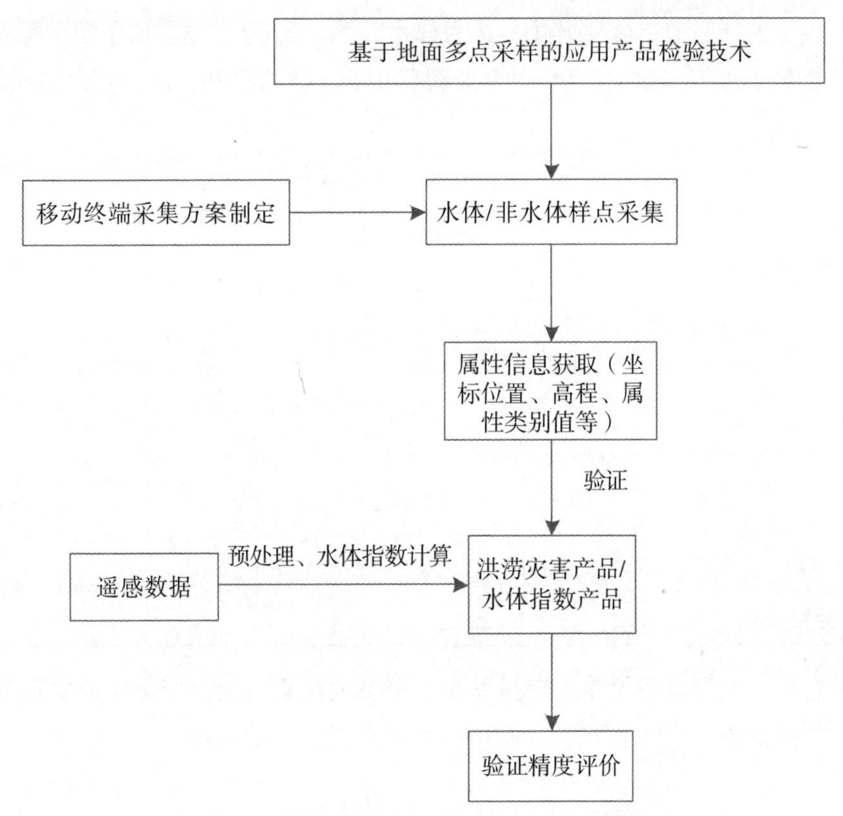

图 2-14　基于地面多点采样的应用产品检验技术

3. 精度评价

分别导入水体和非水体的实地采样点数据，精度评价采用的方法主要包括以下几种。

（1）回归拟合计算方法。

回归拟合指主要采用回归与拟合相关方法进行精度分析。涉及主要指标包括：RMSE、相对误差、平均绝对误差、*r*、决定系数。

（2）混淆矩阵计算方法。

混淆矩阵用于表示分为某一类别的像元个数与地面检验为该类别数的比较阵列。通常，阵列中的列代表参考数据（地面调查数据、交叉检验产品），行代表由减灾应用产品得到的类别数据。混淆矩阵分别从总体精度、生产者精度和用户精度多个角度衡量分类结果是否准确。

表 2-2 为混淆矩阵，其中：P 为样本总数；p_{ij} 为分类数据中第 i 类和参考数据第 j 类所占比例；P_{+j} 为参考数据中第 j 类的总和；P_{i+} 为分类数据中第 i 类的总和。

表 2-2 误差矩阵表

实测数据类型	分类数据类型					实测总和
	1	2	…	…	n	
1	p_{11}	p_{21}	…	…	p_{n1}	p_{+1}
2	p_{12}	p_{22}	…	…	p_{n2}	p_{+2}
…	…	…	…	…	…	…
…	…	…	…	…	…	…
n	p_{1n}	p_{2n}	…	…	p_{nn}	p_{+n}
分类总和	P_{1+}	P_{2+}	…	…	P_{n+}	P

总体分类精度指对每一随机样本，分类的结果与地面所对应的实际类型相一致的概率。

$$P_c = \sum_{k=1}^{n} \frac{p_{kk}}{P} \tag{2.6}$$

Kappa 系数是一个分类质量评价指标，它采用一种离散的多元技术，考虑了混淆矩阵的所有因素，是一种测定两幅图直接吻合度的指标。公式如下：

$$K = \frac{P\sum_{i=1}^{n} p_{ii} - \sum_{i=1}^{n}\left(p_i + p_{+j}\right)}{P^2 - \sum_{i=1}^{n}\left(p_i + p_{+j}\right)} \tag{2.7}$$

2.3.1.3 基于高分辨率数据的应用产品检验方法

基于高分辨率数据的应用产品检验技术的关键在于建立逐级多尺度的验证策略。通过引入高分辨率数据，建立地面实测数据—中低分辨率像元的尺度转换桥梁，由地面实测数据验证高分辨率遥感产品，进而由高分辨率遥感产品验证低分辨率遥感产品，通过相近的尺度转换，在一定程度上解决了地面点—中低分辨率像元之间尺度不匹配的问题。技术流程见图 2-15。

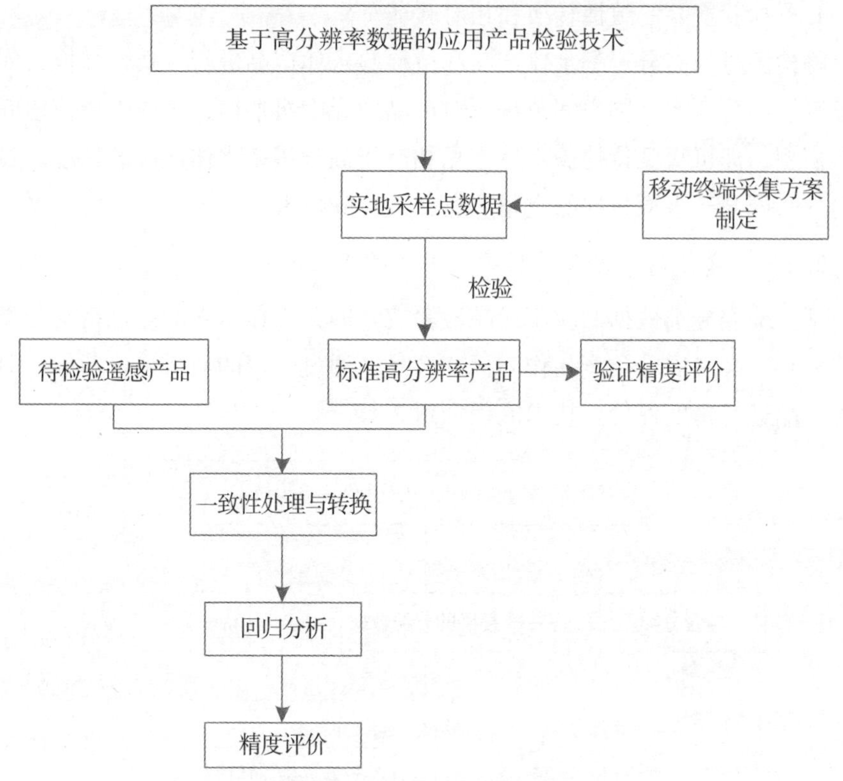

图 2-15　基于高分辨率数据的应用产品检验技术

基于高分辨率数据的应用产品检验方法具体步骤如下。

1. 选取数据集

选择标准高分辨率影像（HJ 卫星影像等）、实地采样点数据等。实地采样点数据的获取先通过软件获取建议采集点，然后利用移动终端对布设的调查点进行实际的地面调查。

2. 待检验数据和标准影像预处理及水体指数提取

为防止影像过大影响后续运算，对待检验数据和标准产品都要先进行空间裁剪，并转换为相同的投影，然后通过水体指数运算提取高分辨率水体指数产品和待检验水体指数产品。

3. 利用实测点检验高分辨率产品

用相同区域的实测数据检验高分辨率三值影像，得到高分辨率水体产品的分类精度。具体检验方法同基于地面多点采样的应用产品检验技术。

4. 待检验产品一致性转换和相对验证

将检验过的高分辨率水体产品和待检验水体产品进行一致性转换，实现同投影、同分辨率、同空间范围，对产品像元随机抽样，生成影像值之间的关系模型，即可得到待检验水体产品相对于高分辨率水体产品的精度。具体检验方法同基于多源数据的应用产品交叉检验技术。

2.3.1.4 基于地表分类数据的应用产品检验方法

基于地表分类数据的应用产品检验技术的关键在于获取经过精确分类的监督分类产品。以分类产品作为标准产品，通过一定的质量评价指标，对待检验产品进行精度评价。技术流程见图 2-16。

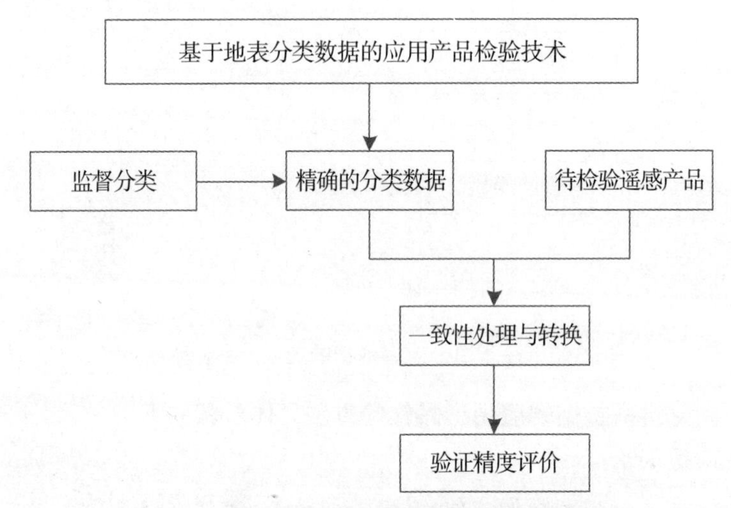

图 2-16　基于地表分类数据的应用产品检验技术

基于地表分类数据的应用产品检验方法的具体步骤如下。

1. 分类数据获取

获取待检验影像详细的监督分类数据，再通过类别合并等方式获取标准三值数据（水体、非水体、背景）。

2. 待检验数据预处理和一致性转换

通过裁剪、投影转换、水体指数运算等获取待检验三值数据，然后对标准三值数据及待检验三值数据进行一致性转换，获取同投影、同分辨率、同空间范围、同背景区域的分类影像数据。

3. 精度评价

将待检验产品同样转换为分类数据，再通过建立两个分类数据的混淆矩阵，得到检验精度（Kappa 系数，用户精度，制图精度，漏分误差，错分误差等）。

2.3.1.5　基于灾情动态演变过程的检验方法

基于灾情动态演变过程的检验技术的关键是建立用于约束检验过程的规则和知识集，以及建立实现检验的技术方法。本研究将基于 GF-4 卫星遥感数据产品，考虑到其作为地球同步轨道卫星，具有能通过凝视模式实现分钟级成像的特点，在保证高时间分辨率的同时也具有高空间分辨率，进而实现洪涝 / 旱情灾害动态变化的快速监测，建立基于灾情动态演变过程的检验规则集。技术流程见图 2-17。

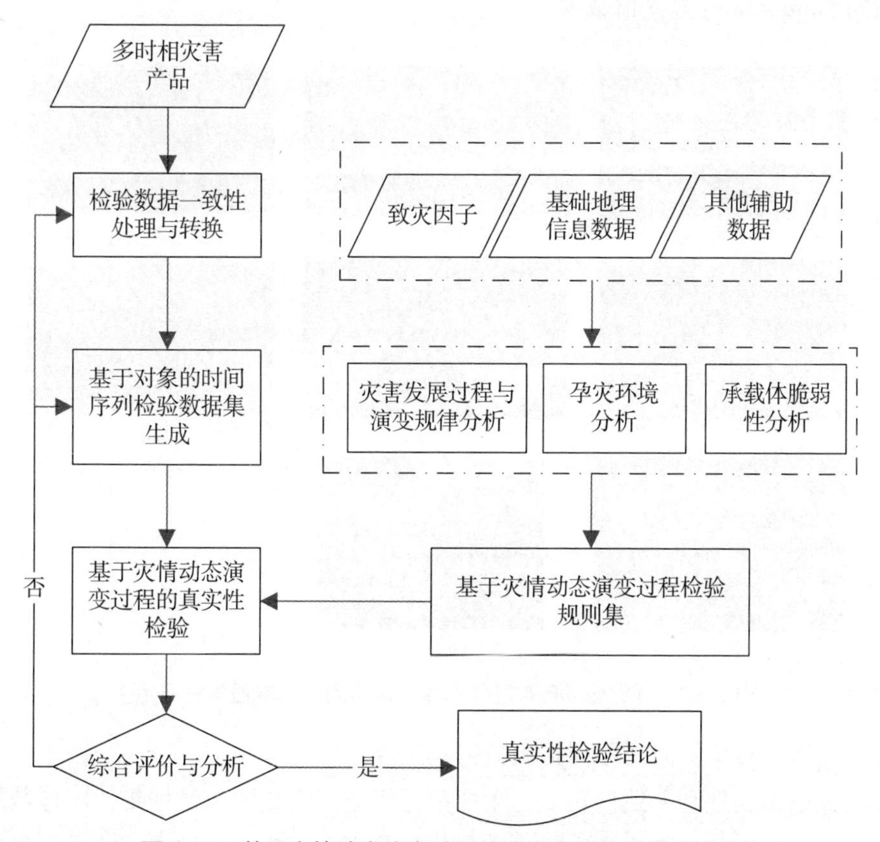

图 2-17　基于灾情动态演变过程的减灾产品检验技术路线

基于灾情动态演变过程的减灾产品检验的具体步骤如下。

1. 灾害发生发展过程中时序减灾产品的整理

分析灾害发生发展的过程、针对某一待检验的减灾产品，收集各个时相的其他各 GF 卫星（如对空间分辨率要求不同的，尤其需要 GF-4 卫星）、其他卫星遥感产品、地面调查及上报的各类减灾产品。

2. 检验数据预处理和一致性转换

将多时相的减灾产品进行预处理和一致性转换，其中预处理主要是针对后面检验需求进行的空间裁剪、辐射增强、特征区域选择、波段选择等；一致性处理主要是针对多源、多时相数据产品在空间、波段、时间等方面的差异，进行的空间配准、光谱匹配、时间归一化处理、投影转换等。例如，图 2-18 为整理后的时间序列影像，影像来源于为 GF-4/HJ 卫星 2016 年该区域的 50 m / 30 m 多光谱数据。

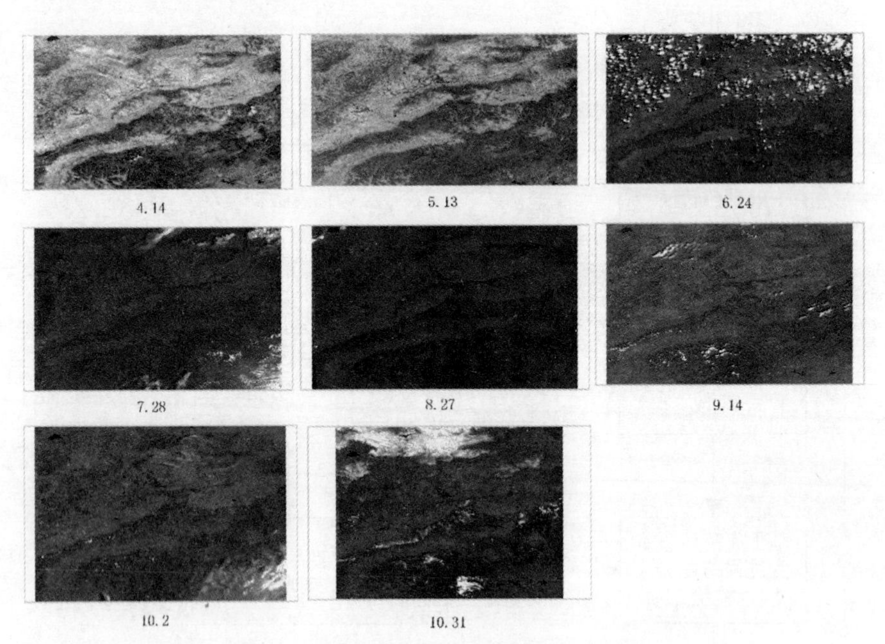

图 2-18　样例区 GF-4 / HJ 影像时间序列（标准假彩色显示）

3. 基于对象的时间序列检验数据集生成

经过预处理和一致性转换，生成的是规范多时相图像数据集，图像数据集中包含灾害信息的像素和非灾害信息的像素，而独立的像素不能进行复杂的检验统计。因此，需要将基于像素的图像转换为基于对象的检验数据集，这个过程包括图像分割、灾害对象生成、多时相灾害对象在时间和空间上的匹配等，并最终生成多实现序列的检验对象数据集。

为了更清楚地说明，本部分将第 2 步中的影像时间序列计算为 NDVI，这样就能监测到植被的动态变化，从而监测灾情。

利用土地利用覆盖图，从各时相 NDVI 影像中筛选出旱地像元，并认为其是纯耕地像元，其结果如图 2-19。

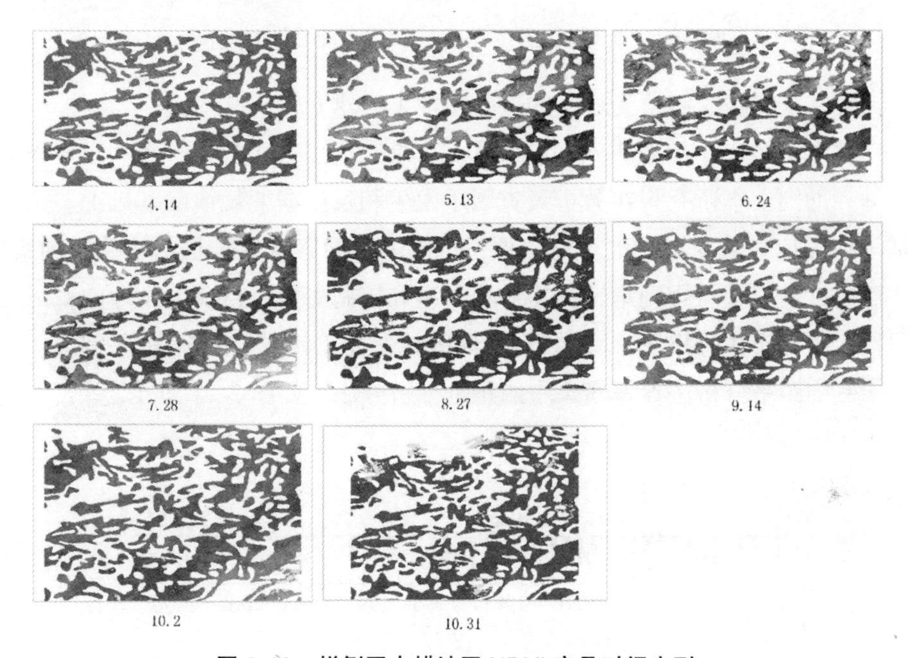

图 2-19　样例区内耕地区 NDVI 产品时间序列

由图 2-19 可知，颜色越深，则代表植被覆盖状况越好。而整个区域中 NDVI 随时序推移也有较大的变化，植被覆盖状况的好坏间接反映了研究区的灾情状况。

在耕地研究区内均匀抽选 10 个耕地像元，做出其 NDVI 随时序的变化曲线，如图 2-20。

从图 2-20 可以看出，各耕地像元的 NDVI 在 4 月份到 10 月份的变化趋势是相似的，在 4 月到 7 月底呈现上升趋势，随后在 8 月份减小，在 9 月份上升，最后不断减小直到 11 月份。

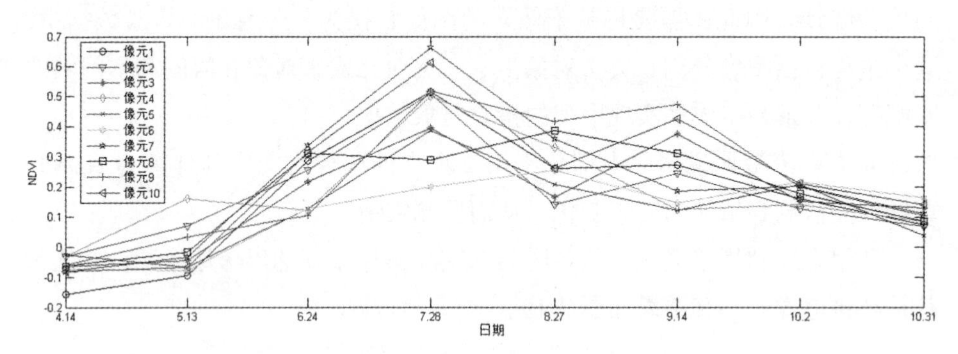

图 2-20 样例区 10 个耕地像元 NDVI 时序变化曲线

4. 基于灾情动态演变过程的检验规则集的建立

规则集的建立是本部分工作的重点，是进行多时相减灾产品动态检验的依据和准则。本研究将在分析致灾因子发生和发展演变规律的基础上，结合基于地理信息数据和其他辅助数据，形成灾情动态演变过程的检验规则集，并面向软件工程将规则集转换为评价模型和控制参数。目前已设计的规则集包括：距平变化分析法（图 2-21）、曲线相似性比较法（图 2-22）。

其中距平分析法参考气象中的距平分析方法，如图 2-21 所示。

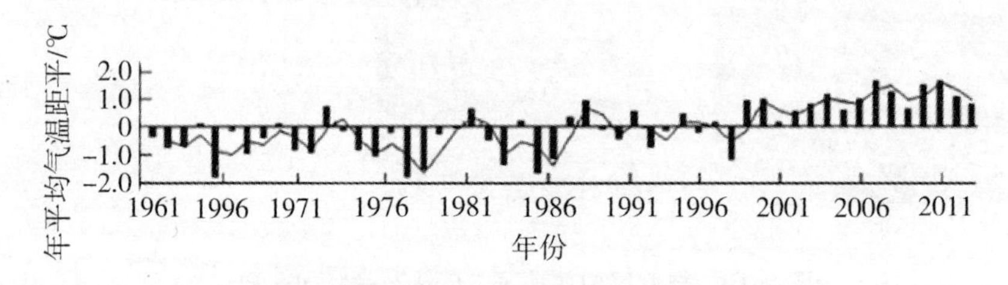

图 2-21 气象中的距平分析方法示意图
（资料来源：乔世娇等，2015）

曲线相似性比较法，则比较待检验时期的多时相灾害产品与历史同期的产品时间曲线的相似性，进而判断灾害产品序列的合理性。

莱尔米特（l' Hermitte）等提出了一种 Fk-distance（D_{FK}），使用矢量表示两个时间序列曲线在同一频率的分量，用 $pqkA$ 表示两个分量的差别，并用加权求和的方式求出两个时间序列曲线的距离 D_{FK}。其表达式为：

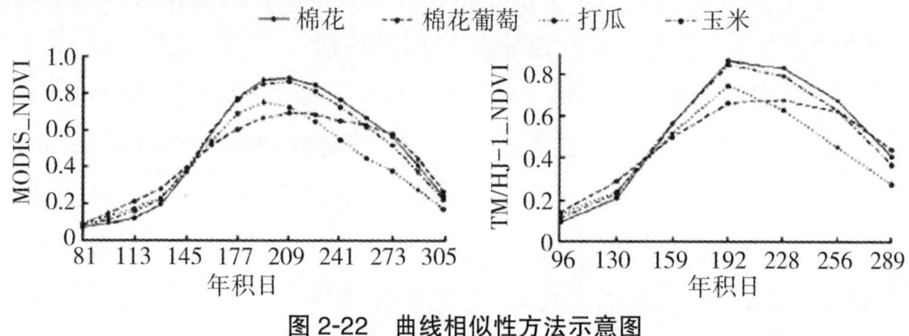

图 2-22　曲线相似性方法示意图

（资料来源：郝鹏宇等，2012）

$$A_k^{p-q}=\sqrt{F_k^c\left(p-q\right)^2+F_k^s\left(p-q\right)^2} \tag{2.8}$$

$$D_{FK}=w_k A_k^{p-q} \tag{2.9}$$

5. 基于灾情演变过程的减灾产品真实性检验和评价

基于灾情演变过程的真实性检验是利用多时间序列的检验对象数据集对GF多时相减灾产品进行真实性检验，并通过专家等进行综合评价的。同时，基于综合评价结果对一致性处理和检验对象数据集的处理过程进行修正，直到检验结果符合检验规则集和专家知识要求。

总体上看，灾害遥感产品真实性检验的可靠性体现在两方面：一方面，随着检验数据的种类和数量增多，可采用的真实性检验方法就越多，真实性检验的可靠性更高；另一方面，检验数据自身的可靠性存在差异，获得检验数据的可靠性越高，则真实性检验结果就越可靠。一般情况下，数据或产品的可靠性排序为：地面实测数据＞精度得到认可的更高分辨率产品＞地表分类产品。方法的可靠性排序为：基于地面多点采样的真实性检验＞基于高分辨率数据的真实性检验＞交叉检验＞基于地表分类产品的检验。在实际应用中，可综合以上两个方面对灾害遥感产品进行真实性检验，辅助决策过程。

2.3.2　综合结果表达评价与评判标准分析的真实性检验方法

遥感应用产品的真实性检验内涵包含三个方面：对象主体，不同级别的产品具有不同的不确定性来源，具有不同的检验对象；结果表达，包括时空精度和抽样的科学化；评判标准，衡量真实性检验结果，需要判别是否满足用户需求。对象主体决定了检验工作的过程内容，结果表达是对检验过程的定量评价，评判标准是对结果表达的再一次评价分析。结合“过程”和“结果”，综合评定遥感应用产品的真实性，是对真实性检验较为全面的一种理解。

由此，真实性检验是对遥感应用产品不确定性的综合解释和评判（图 2-23）。首先，明确产品不确定性的来源。不同级别的产品具有不同的检验对象，其不确定性来源侧重不同。不确定来源的描述有助于使用者理解不确定性的数值含义和评判标准。其次，定量表达不确定性的结果。应用不同的方法对产品进行真实性检验，定量表达其时空精度。前文给出了 5 种常用的真实性检验方法，每种方法得到的定量结果可能不同。在统计中，一般使用“准确性”定量表达“不确定性”，而准确性包含了“无偏”和“精度”两个方面。通常来说，用 RMSE 表征数据偏离真值的离散程度，即评估精度；用决定系数（R^2）表征数据与真值的拟合程度。此外，在利用地面多点采样和地表分类数据进行检验时，其准确性表达方式可能为准确率（百分比）。在中文的表达习惯中，精度在一定程度上代表了准确性的含义。推及遥感产品的定量精度计算，即产品在时空格局上呈现的数值结果与其表现内容真值的差异。最后，基于用户的具体需求，对定量的精度结果给出定性评判。该定性评判是对产品是否可用，是否满足用户使用需求的可靠性评判，是对定

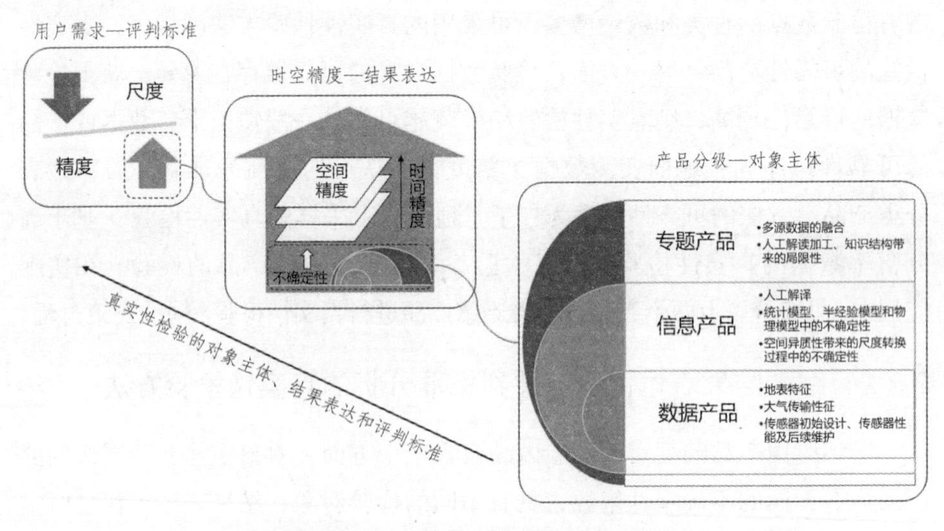

图 2-23 真实性检验的对象主体、结果表达和评判标准（见插页）

量结果的再一次评价分析。不同真实性检验方法的定量准确性结果不同，结合 R^2、RMSE、百分比等，给出产品可靠性低、中、高的评判，直接为产品使用者提供使用建议。在评估产品的精度时，若产品数值在离真值可容忍范围内，则视为产品可靠，即通过了真实性检验。评判的标准和使用者的需求紧密相关，主要表现为精度要求和尺度要求的调整。前文总结了用户需求的四个方面，包含时效、尺度、精度的要求，不确定性的定性或定量表达的要求，产品是否易获取、数据格式易处理的要求，使用途径的特殊要求。

遥感应用产品是由传感器接收的辐射亮度转换处理而来，其表现地物的“真值”是不存在的。遥感产品数值围绕真值离散分布，且随着产品分级的加深，其不确定性逐渐增加，产品数值分布更加离散且有偏。在此背景下，遥感应用产品的真实性检验应当尽可能地全面和客观。明确不确定性来源，给出不确定性定量结果，综合评判不确定性结果从而给出产品可靠性的定性评价，这是综合结果表达和评判标准的真实性检验方法。

2.3.3　面向应用的灾害遥感真实性检验业务产品报告样式

检验方法的集成是本书强调的面向业务和面向应用的真实性检验核心之一，另一核心体现在“用户需求”上。对真实性检验结果进行输出，使得各级使用者、业务者和决策者能够获取各自关心的信息，在给出真实性检验的定量结果之外，提供产品可靠性的定性评估。

图 2-24 给出了不同层级用户的关注要点。其中，遥感领域研究者倾向获取真实性检验工作的具体内容，包括验证数据、检验方法、定量结果等；对地观测者是最广泛的应用人群，更加倾向关注产品真实性检验的检验方法和定量结果；而针对决策者，具体的验证数据和检验方法不是最主要的信息，产品准确度的定量结果和产品是否可用的可靠性定性分析，是决策者关注的主要内容。

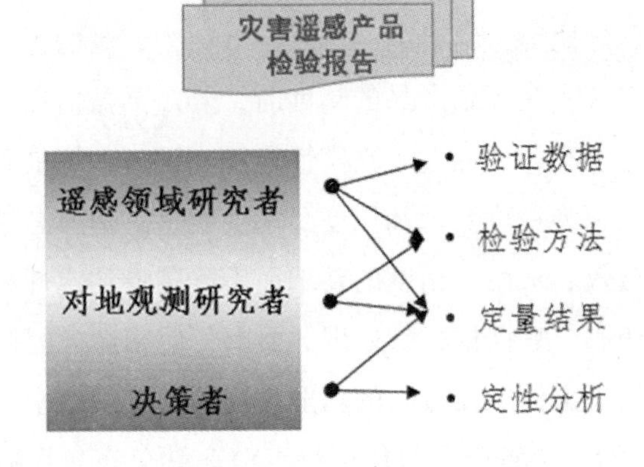

图 2-24　灾害遥感产品报告中不同层级用户的关注要点

软件输出的报告采用统一模式，基本要素包括文件标题、编写部门、报告生成日期、摘要、待检验和检验数据基本信息说明、检验精度、水体面积、提文件、结论、注解和编辑签发栏等（图 2-25）。产品报告是展现产品检验的综合报告，所包含的内容、展现的形式是经过合理设计的。本部分以水体指数产品检验报告为例，详细阐述报告的格式设计和内容编排。

首先，文件标题置于中央，编写部门和报告生成日期分置左右。这些内容为报告阅读者优先获取的内容，文件标题需简明扼要，表达清晰；编写部门和报告生成日期清楚准确。其次，是报告摘要，这是决策者阅读的主要内容，报告摘要按照固定格式报告检验产品、检验方法、真实性定量结果和定性评价。决策者和业务工作者可通过快速阅读摘要，获取报告的关键信息。报告的正文包括真实性检验的对象主体（待检验产品基本信息）、方法选择（产品检验方法）、结果表达（产品检验精度）和评判标准（产品检验结论）。决策者和业务工作者对摘要中感兴趣的部分，可以在正文内容找到相应的具体分析，其中，结论是对整个水体指数产品检验的总结性阐述，并对整体精度做定性评价。相应地，作为政府部门之间的报告，应有签发栏项目。

产品报告设计秉承用户需求原则，使决策者和业务工作者能快速获取所需信息。决策者关注摘要信息和结论即可获得“什么产品”“精度如何”“是否可用”的关键信息；而业务工作者可通过阅读正文详细报告获取“如何检验”“精度散点图”等其他和业务流程相关的信息。

灾害遥感产品检验报告

——水体指数产品检验

国家减灾中心　　编　　　　2017 年 05 月 20 日

报告摘要——摘要：

此次检验方法是基于平均距离抽样相关分析的多源数据交叉检验，检测结果中待检验水体指数与参考水体指数相关系数 $r=0.831943$，均方根误差 RMSE = 0.182174，精度评定结果为：低，详细报告如下：

对象主体—— 一、　产品基本信息

待检验产品的数据来源为 GF-4 影像，影像过境时间为 2017/2/22 0:00:00。产品类型为水体指数产品（NDWI）。产品覆盖的经纬度范围为：108.66997°-109.09981°E，18.869739°-19.130010°N，空间分辨率为 50 m。

方法选择—— 二、　产品检验方法

产品的检验方法为多源数据交叉检验。检验数据来源为 HJ 影像，数据采集时间为 2017/2/6 0:00:00。

结果表达—— 三、　产品检验精度

对参考水体指数和待验证水体指数模型进行分析，模型的精度通过均方根误差 RMSE、预测值和实测值之间的相关系数 r。

$$\mathrm{RMSE}=\sqrt{\frac{\sum_{i=1}^{n}\left[E(y_i)-y_i\right]^2}{n}}$$

其中：$E(y_i)$表示第 i 个实际观测值；y_i 为第 i 个模型反演的预测值；n 为观测样本总数。RMSE 常用以量化模型精度，而 r 可评价模型的精确性。RMSE 数值越低，回归模型越精确。相关系数 r 越接近于 1，模型精度越高。最终可得到待检验水体指数产品相对于参考水体指数产品的相对精度。

此次检验中，有效抽样点数目 N = 384、均方根误差 RMSE = 0.0850740 、相关系数 $r=0.911527$

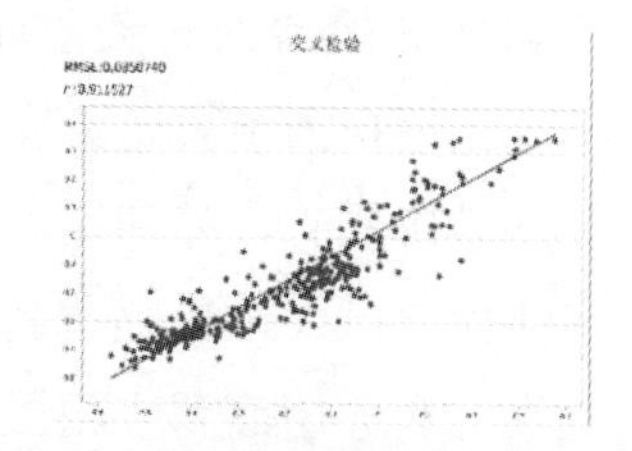

通过正负灰度值来代表水体指数精度的空间分布，输出参考水体指数与待检验水体指数的差值，从差值影像中可看到误差空间分布。

通过水体面积对比进行检验，其中待检验影像水体面积为 71647500 平方米，参考影像水体面积为 76002500 平方米。

据文件信息显示，交叉检验抽样数据（csv）输出路径为：

参考影像水体面积为 74572500 平方米。

据文件信息显示，交叉检验抽样数据（csv）输出路径为：

I:\disaster reduction\hainan\output crosscheck\stat cross validation.csv

误差空间分布影像（ENVI IMG）输出路径为：

I:\disaster reduction\hainan\output_crosscheck\result_cross_validation.img

评判标准—— 四、　结论

交叉检验的是已有精度得到认可的参考遥感产品，计算参考水体指数与待检验水体指数两者的相关系数（r）与均方差（RMSE）。交叉检验中使用了平均距离抽样检验，本次检验有效抽样点数目为 N=436，超过 200，所以可认为其置信度大于 95%，均方根误差 RMSE = 0.182174 、相关系数 $r=0.831943$，精度评定结果为：低。

准确性和可靠性说明

注：

精度评定的高低代表着检验值与参考值的接近程度，交叉检验精度评定参考：

高：相关系数 $r>0.9$，均方根误差 RMSE<0.0001

中：不满足精度评定为“高”且相关系数 $r>0.8$，均方根误差 RMSE<0.0002

低：其他

编辑签发栏　　编辑：　　　　签发：

图 2-25　软件输出报告示意图

2.4 本章小结

随着遥感应用产品的发展，产品分级不断深化、用户种类不断增多，遥感产品真实性检验的内涵变得更为丰富。真实性检验不仅是“数据质量分析”，而且是更多考虑用户需求的一项对遥感产品的综合分析和可靠性判定。本章循序渐进地梳理真实性检验的内涵，其内涵包括三方面：其一，产品分级决定真实性检验的对象主体；其二，时空精度决定真实性检验的结果表达；其三，用户需求决定真实性检验的评判标准。面向用户应用的真实性检验工作是连接遥感产品和用户的桥梁，是连接各交叉学科之间的桥梁，有效的真实性检验可促进遥感产品的应用。基于上述丰富内涵，本章总结真实性检验工作的业务层面和应用层面的主要内容，以灾害遥感产品为例，对产品分级、理论体系和方法体系及设计进行详细剖析，强调真实性检验研究在面向用户时的作用，即全面方法集成和考虑用户需求，根据不同的用户对象设计不同的报告输出内容，以期对业务工作提供一定指导作用，促进业务层面和用户应用层面的全面遥感应用产品真实性检验。在第三章和第四章中本书将以水体指数产品的真实性检验为例，详细介绍面向减灾应用的水体指数遥感产品真实性检验软件的设计和操作方法，并通过案例分析详细呈现各种真实性检验方法。

第三章　面向减灾应用的水体指数遥感产品真实性检验软件设计及操作方法

3.1　软件设计与部署

3.1.1　软件需求分析

遥感作为一种能在短时间内获取大范围数据的技术，在资源、环境、农业、气象、减灾、行星科学等领域中发挥着重要的作用。目前，在丰富的遥感数据源的支持下，与遥感相关的各种机构生产出大量的遥感应用产品，产品使用者也需要相应的遥感应用产品辅助其决策过程，但双方对遥感应用产品的评价方式和理解有所不同。一方面，生产者生产出各级产品，随着产品分级的加深，产品的不确定性逐渐增加，精度逐渐降低，生产者对产品采用定量指标进行评价，只能给出产品精度，却无法定性评价产品“好”或者“不好”；另一方面，不同分级的产品对应不同的用户，不同的用户对产品的需求也有所差异，这使得产品供给与需求之间产生矛盾。面向用户应用的遥感产品真实性检验是对产品结果的再一次评价分析，综合评价遥感产品的真实性，从而连接了遥感产品和用户，从根本上解决了供给和需求之间的矛盾。

在利用遥感开展洪涝灾害业务产品真实性检验的应用中，多数应用仍然依赖于第三方软件平台，处理过程分散，处理流程复杂，且尚未建立面向减灾用户应用需求的真实性检验评价方法和操作体系，尚未形成成熟的面向减灾用户应用的真实性检验业务化流程，尚不能较好地满足实际需求。因此，本研究为从事面向减灾用户应用的水体指数遥感产品真实性检验的减灾专业技术人员提供一个业务应用软件。该软件可为用户提供一整套多思路的真实性检验处理流程，人机交互式地生成水体指数产品并提供产品精度评估结果，即“产品是否可靠”，从而为决策提供有力支持。

3.1.2 软件总体设计

3.1.2.1 软件的设计原则

面向减灾应用的水体指数遥感产品真实性检验软件的设计和开发应遵循以下几个原则。

1. 实用性

该软件是一个基于各种卫星遥感影像和地面数据提供洪涝灾害产品生成及真实性检验服务的综合应用软件，为专业技术人员提供了一个自动、人机交互式的业务应用软件系统。该软件系统能充分利用多种可见光卫星搭载的各种传感器生成的多光谱影像资料，对灾情区域进行定量、多光谱遥感数据分析处理，实现水域范围提取和水域面积估算，并对结果进行真实性检验，进而为水体指数产品提供面向用户应用的更可靠的评价。因此，软件的可操作性和实用性是设计的重要原则之一。

2. 标准性

在面向减灾应用的水体指数遥感产品真实性检验软件的各种数据处理过程中，充分利用标准的操作系统、平台软件、成熟框架、通用语言和开发体系来封装服务以进行相关的业务处理。该软件以遥感数据处理和检验算法为基础，为专业技术人员提供交互式的专业分析平台，同时也适用于其他专业背景且有产品检验需求的用户。

3. 稳定性

面向减灾应用的水体指数遥感产品真实性检验软件定位于快速为应用部门及决策部门提供及时、准确的产品提取结果和评估检验结果，在软件的设计实现上要考虑系统长期运行的稳定性和可靠性，软件在运行期间要具备报错功能，必要时可实现恢复性操作。根据应用的特点，采用冗余、备份、容错等技术，以保证局部的错误不影响整个系统的运行。

3.1.2.2　软件总体架构内容

该软件总体架构内容包括综合显示与处理分析部件、产品加工与报告生成部件两大部分。其中综合显示与处理分析部件包括了遥感数据加载与综合显示模块、遥感数据处理模块、真实性检验分析模块。

3.1.3　软件功能设计

根据对灾害遥感监测评估业务需求分析的结果，面向减灾应用的水体指数遥感产品真实性检验软件应当具备图形影像的数据加载、影像预处理、水体指数计算、数据管理、基于多源数据的真实性检验以及成果图与评价分析报告输出等一整套完整的功能。鉴于此，面向减灾应用的水体指数遥感产品真实性检验软件的基本功能模块设计见图 3-1，主要包括四大功能模块：常用工具模块、任务规划与实地采集方案模块、真实性检验模块以及数据管理模块。各部分具体操作过程详见附录 1。

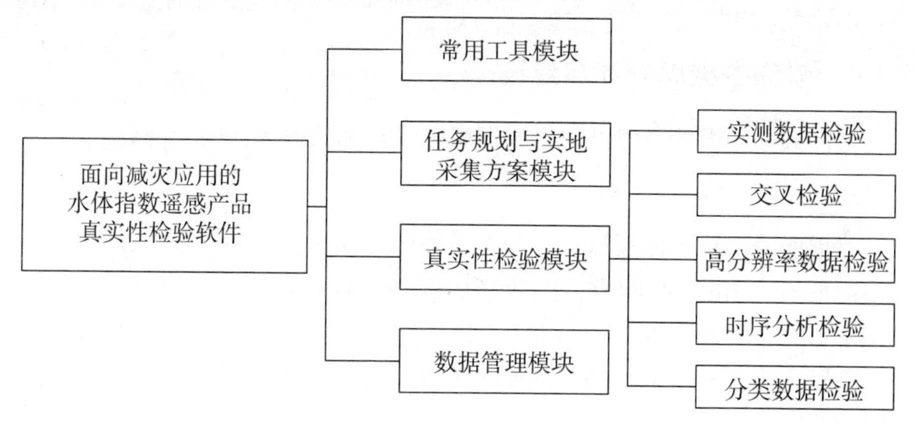

图 3-1　软件基本功能模块设计

1. 常用工具模块

该模块具体包括批处理计算水体指数、批处理投影转换、批处理相交一致性转换和批处理裁剪，可实现影像批量预处理。

2. 任务规划与实地采集方案模块

该模块分为任务规划和实地采集两个部分。任务规划需要根据数据和产品的情况找到合适的待检验区域，然后根据待检验区域下载已有数据或去查找其他数据。实地采集模块可根据输入的待检验区域的影像判断并给出建议采集区域及建议采集点，从而辅助地面采集实地样点选择方案，让采集点最大限度地代表全面的水域信息。

3. 真实性检验模块

该模块作为软件的核心模块，可实现对水体指数产品的真实性检验，具体包括实测数据检验、交叉检验、高分辨率数据检验、时序分析检验、分类数据检验 5 种检验方法。用户仅需要输入待检验影像、地面数据、地表分类数据、高分辨率影像等，即可获取任一分步骤的结果（如水域范围、水域面积、三值分类影像等）或某种检验方法下的最终真实性检验精度评价结果。

4. 数据管理模块

该模块具体包括分类影像数据录入、水体指数影像数据录入、实测数据录入、数据查询。其中，分类影像数据录入、水体指数影像数据录入、实测数据录入为数据上传到服务器，数据查询可以把所有需要的数据查询出来并导出。

3.1.4 软件数据库设计与建设

软件数据库设计与建设分为数据库表设计和数据入库两个部分。

3.1.4.1 数据库表设计

数据库表包括水体指数表、分类数据表、实测采集表。这三张数据库表中的时间都为 linux 时间戳，空间坐标都是 WGS84 下的经纬度坐标，如果坐标不符合，需要转换成 WGS84 下的经纬度坐标。对已有的水体指数影像数据进行入库，根据输入的文件夹名称获取时间属性，再读取影像获取空间范围与分辨率。

水体指数表的影像数据库字段包括：from（影像来源）、pass_time（过境时间）、x_min（左）、x_max（右）、y_min（下）、y_max（上）、x_size（横向分辨率）、y_size（纵向分辨率）、path（影像路径）、精度（%）、ctime（入库时间：时间戳）、description（数据描述：地址描述等）、type（水体指数类型）。其入库的技术流程如下：将投影坐标系转换到 WGS84 下的地理坐标，背景值设为 −1；选择待入库文件，读取影像信息，读取完成后显示界面，对于无法获取到的必要信息采用手工录入的形式；填完必要信息后，点击确定上传影像文件。

分类数据表的栅格分类数据，数据类型规定 0 为背景，1 为水体，2 为非水体。分类信息表字段包括：from（分类数据来源）、pass_time（过境时间）、x_min（左）、x_max（右）、y_min（下）、y_max（上）、x_size（横向分辨率）、y_size（纵向分辨率）、path（影像路径）、ctime（入库时间：时间戳）、description（数据描述：地址描述等）。

实测采集表主要字段包括：time（时间戳）、y（纬度）、x（经度）、value（值）、distance_from_border（离河面距离）。

3.1.4.2　数据入库

先输入验证区域水体指数，提取影像信息，然后将影像基本信息上传到服务器，即实现数据入库流程。通过输入空间范围与时间，自动查询数据库，获取查询结果列表，即可将结果下载到本地。

3.1.5　软件安装部署

3.1.5.1　服务端部署

首先，在服务端设备的 Windows 环境下，选择一个用于存放数据的文件夹并设置共享，实现该文件夹在服务端与客户端系统的共享（图 3-2）。其次，安装 phpStudy2016.exe，双击启动，等 MySQL 变绿色后，运行模式选择系统服务，点击应用就可以开机启动 MySQL 数据库（图 3-3）。

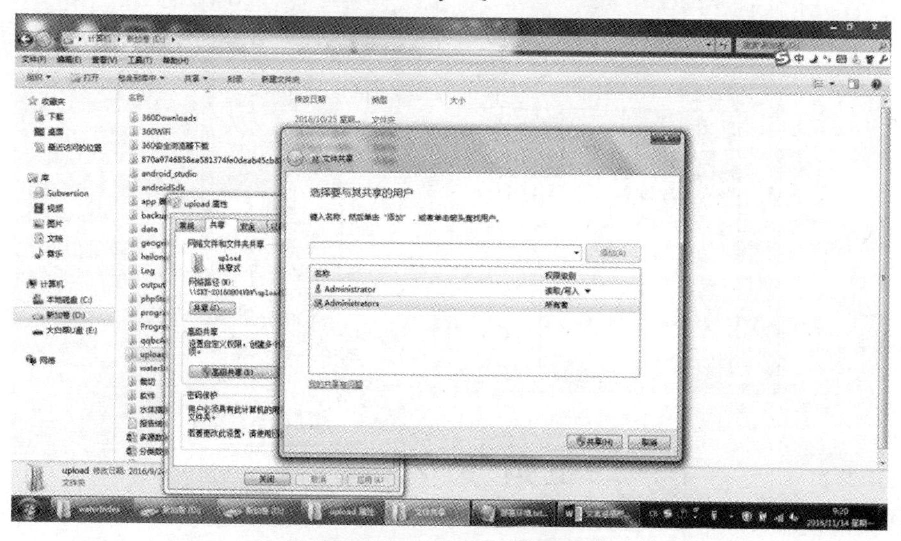

图 3-2　系统共享示意图

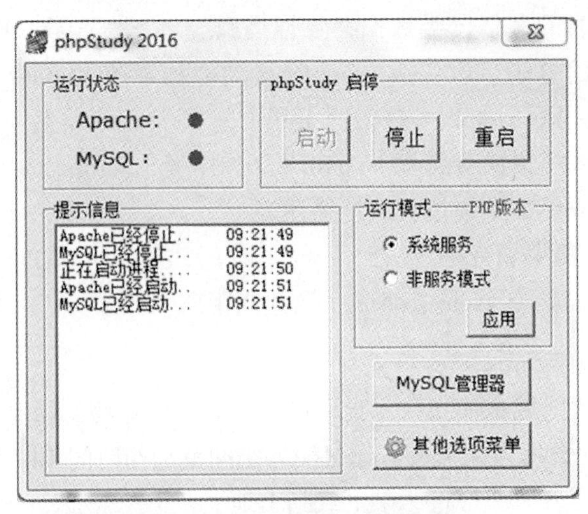

图 3-3 MySQL 数据库启动界面

再次，导入数据库表，打开 MySQL-Front 管理客户端（图 3-4），新建数据库（图 3-5），并将新建数据库命名为 zsxjy（真实性检验）（图 3-6），点击确定，然后再导入数据库表文件 zsxjy.sql（图 3-7）。

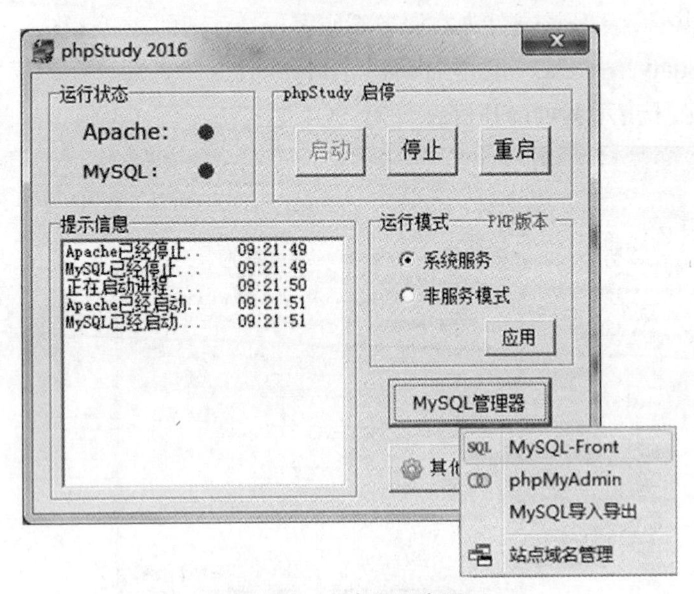

图 3-4 客户端示意图

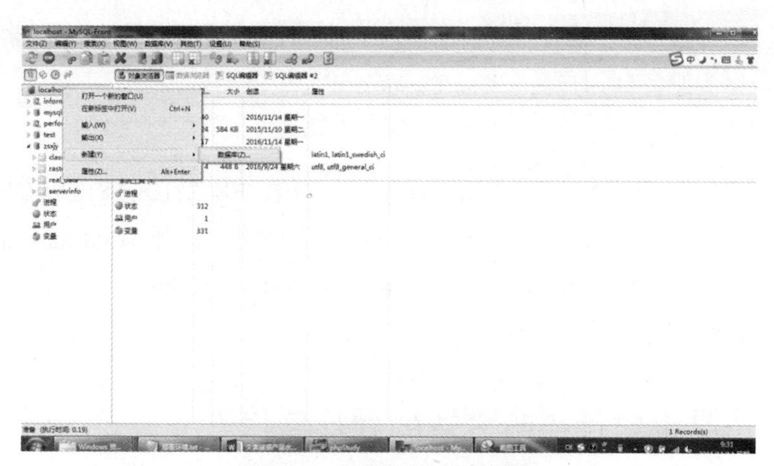

图 3-5　新建数据库示意图

图 3-6　新建数据库操作界面

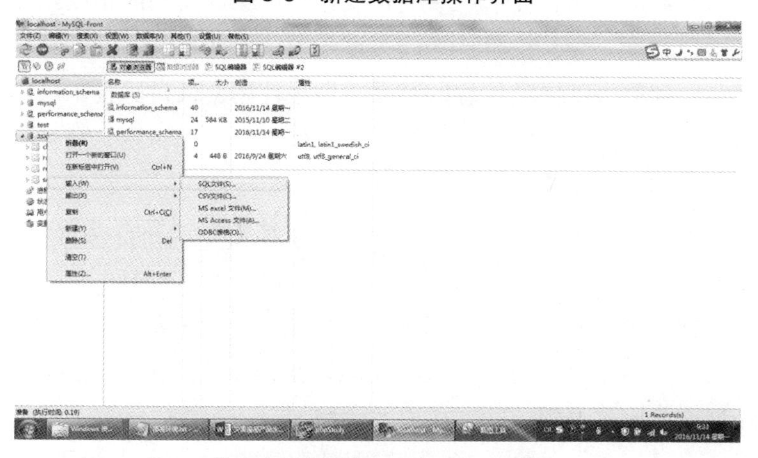

图 3-7　数据库表文件导入示意图

最后，完成服务器存储地址配置，ServerPath 为服务器文件存储地址，UserName 为服务器用户名，UserPassWord 为服务器密码。

3.1.5.2 客户端部署

客户端软件安装条件为，Windows 7 以上系统，ENVI+IDL4.8、ArcGIS 10.1、Office 2010 以上。系统数据库连接文件配置方法为，打开 Modle\mysql.txt文件，输入“Server=localhost; User ID=root; Password=root; Database= zsxjy”，根据实际情况输入以上四个参数。

3.2 产品真实性检验方法的软件操作

在第二章面向用户的灾害遥感产品真实性检验方法体系中详细阐述了多种检验思路，主要包括交叉检验、地面多点采样检验、高分辨率数据检验、地表分类数据检验等，并给出各种方法的适用建议。面向减灾应用的水体指数遥感产品真实性检验软件将多种检验方法进行了集成，以下将分别详细介绍几种方法的软件操作流程。

3.2.1 基于多源数据交叉的检验

交叉检验的验证思路是指在没有地面测量数据支持的情况下，把时相接近的不同产品统一到相同的投影坐标系和空间分辨率下，通过建立一定的关系模型比较不同的产品，评估产品的精度，最终验证得到的精度是相对于参考产品的相对精度。交叉检验技术的关键是要获取同类且精度得到认可的参考遥感产品。拥有表征同类信息的产品，即可使用交叉检验技术。因此，该技术的应用十分广泛，可应用于数据产品、信息产品和专题产品。接下来将阐述应用软件实现交叉检验的具体步骤。

本部分借助已知精度的 HJ 卫星数据的水体指数产品，实现对 GF-4 卫星数据的水体指数产品的交叉检验，选取与待检验影像时间相近的 30m 空间分辨率数据（表 3-1），在对两幅影像进行几何精校正和相交一致性处理与转换后，选择归一化水体指数（Normalized Difference Water Index，NDWI）提取两幅影像的水体指数。NDWI 表达式如下。

$$NDWI = [p(Green) - p(NIR)] / [p(Green) + p(NIR)] \quad (3.1)$$

其中，Green 表示绿光波段，NIR 表示近红外波段。

对应到 GF-4 卫星波段：

$$NDWI = [p(3) - p(5)] / [p(3) + p(5)] \quad (3.2)$$

对应到 HJ 卫星波段：

$$NDWI = [p(2) - p(4)] / [p(2) + p(4)] \quad (3.3)$$

设置阈值为 0，数值大于 0 的为水体，小于或等于 0 的为非水体，作为待检验和标准的水体指数产品。

表 3-1　待检验影像与标准影像信息

影像名称	过境时间	空间分辨率
GF4_PMS_E116.6_N29.1_20160919_L1A0000141428	2016-9-19	50m
HJ1B-CCD1-456-80-20160919-L20002930958	2016-9-19	30m

首先，选择多源数据交叉检验模块（图 3-8）。对研究区的标准影像进行裁剪，这里指的是 30m 空间分辨率的 HJ 卫星影像，设置输出文件路径和文件名，输入第一次裁剪的经纬度范围；对第一次裁剪后的标准影像进行投影转换，并将像元大小重采样到和待检验影像一致的 50m 空间分辨率，设置输出文件路径和文件名；计算标准影像的水体指数，输入文件为上一步生成的投影转换后的标准影像，设置输出文件路径和文件名，波段号从 0 开始，因此对 HJ 卫星影像而言，水体指数第一波段为 1（绿光波段），第二波段为 3（近红外波段），背景值默认设置为 0，分别设置两个波段像元为云的参数阈值，超过阈值的像元设为背景值；对影像进行第二次裁剪，输入影像为上一步生成的水体指数影像，设置输出文件路径和文件名，输入裁剪的经纬度范围。

其次，对研究区待检验影像进行裁剪，这里指的是 50m 空间分辨率的 GF-4 卫星影像，设置输出文件路径和文件名，输入第一次裁剪的经纬度范围；对第一次裁剪后的标准影像进行投影转换，这里重采样可以设置为“否”，设置输出文件路径和文件名；计算待检验影像的水体指数，输入文件为上一步生成的投影转换后的待检验影像，设置输出文件路径和文件名，波段号从 0 开始，因此对 GF-4 卫星影像而言，水体指数第一波段为 2（绿光波段），第二波段为 4（近红外波段），背景值默认设置为 0，分别设置两个波段像元为云的参数阈值，超过阈值的像元设为背景值；对影像进行第二次裁剪。输入影像为上一步生成的水体指数影像，设置输出文件路径和文件名，

输入裁剪的经纬度范围。(图 3-9)

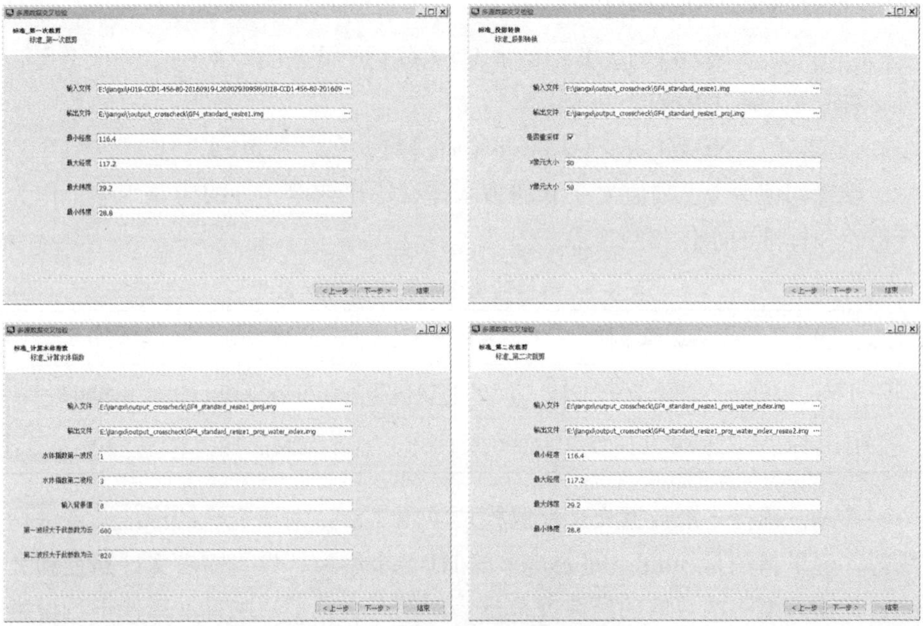

多源数据交叉检验
标准_第一次裁剪
标准_第一次裁剪
输入文件 E:\jiangxi\HJ1B-CCD1-456-80-20160919-L20002939958\HJ1B-CCD1-456-80-201609 …
输出文件 E:\jiangxi\output_crosscheck\GF4_standard_resize1.img
最小经度 116.4
最大经度 117.2
最大纬度 29.2
最小纬度 28.8
<上一步 下一步> 结束

多源数据交叉检验
标准_投影转换
标准_投影转换
输入文件 E:\jiangxi\output_crosscheck\GF4_standard_resize1.img
输出文件 E:\jiangxi\output_crosscheck\GF4_standard_resize1_proj.img
是否重采样 ☑
X像元大小 50
Y像元大小 50
<上一步 下一步> 结束

多源数据交叉检验
标准_计算水体指数
标准_计算水体指数
输入文件 E:\jiangxi\output_crosscheck\GF4_standard_resize1_proj.img
输出文件 E:\jiangxi\output_crosscheck\GF4_standard_resize1_proj_water_index.img
水体指数第一波段 1
水体指数第二波段 3
输入背景值 0
第一波段大于此参数为云 600
第二波段大于此参数为云 820
<上一步 下一步> 结束

多源数据交叉检验
标准_第二次裁剪
标准_第二次裁剪
输入文件 E:\jiangxi\output_crosscheck\GF4_standard_resize1_proj_water_index.img
输出文件 E:\jiangxi\output_crosscheck\GF4_standard_resize1_proj_water_index_resize2.img
最小经度 116.4
最大经度 117.2
最大纬度 29.2
最小纬度 28.8
<上一步 下一步> 结束

图 3-8　标准影像预处理界面

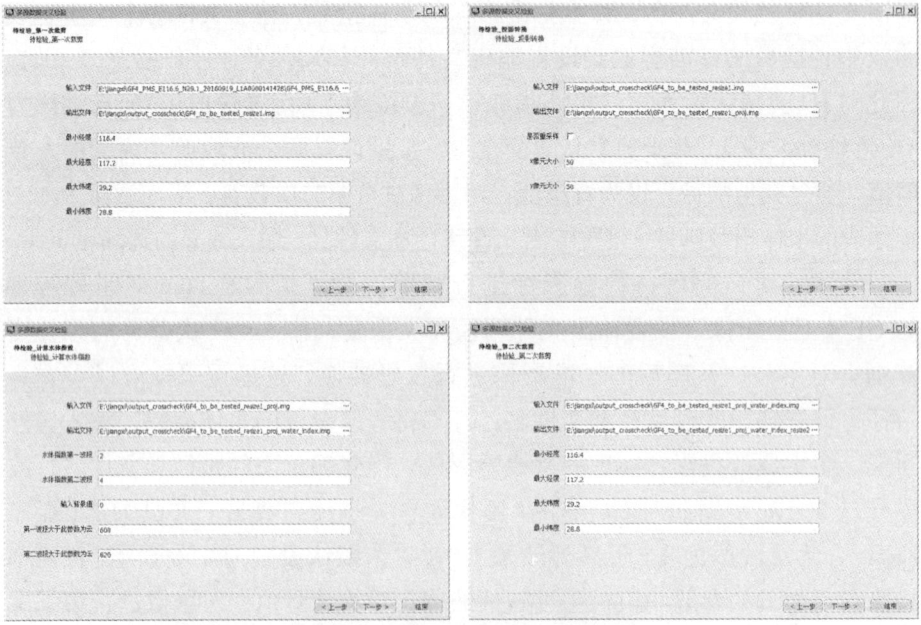

多源数据交叉检验
待检验_第一次裁剪
待检验_第一次裁剪
输入文件 E:\jiangxi\GF4_PMS_E116.6_N29.1_20160919_L1A0000141428\GF4_PMS_E116.6_…
输出文件 E:\jiangxi\output_crosscheck\GF4_to_be_tested_resize1.img
最小经度 116.4
最大经度 117.2
最大纬度 29.2
最小纬度 28.8
<上一步 下一步> 结束

多源数据交叉检验
待检验_投影转换
待检验_投影转换
输入文件 E:\jiangxi\output_crosscheck\GF4_to_be_tested_resize1.img
输出文件 E:\jiangxi\output_crosscheck\GF4_to_be_tested_resize1_proj.img
是否重采样 ☐
X像元大小 50
Y像元大小 50
<上一步 下一步> 结束

多源数据交叉检验
待检验_计算水体指数
待检验_计算水体指数
输入文件 E:\jiangxi\output_crosscheck\GF4_to_be_tested_resize1_proj.img
输出文件 E:\jiangxi\output_crosscheck\GF4_to_be_tested_resize1_proj_water_index.img
水体指数第一波段 2
水体指数第二波段 4
输入背景值 0
第一波段大于此参数为云 600
第二波段大于此参数为云 620
<上一步 下一步> 结束

多源数据交叉检验
待检验_第二次裁剪
待检验_第二次裁剪
输入文件 E:\jiangxi\output_crosscheck\GF4_to_be_tested_resize1_proj_water_index.img
输出文件 E:\jiangxi\output_crosscheck\GF4_to_be_tested_resize1_proj_water_index_resize2 …
最小经度 116.4
最大经度 117.2
最大纬度 29.2
最小纬度 28.8
<上一步 下一步> 结束

图 3-9　待检验影像预处理界面

再次，进行相交一致性转换，输入影像分别为参考三值影像和待检验三值影像，即上述步骤生成的第二次裁剪后的标准水体指数影像和待检验水体指数影像，这里的三值分别指“水体”“非水体”和“背景值”，设置输出相交重叠区域影像的文件路径和文件名；计算交叉验证结果，输入相交重叠区域影像，设置输出的交叉检验影像和抽取影像值的文件路径，设置抽样抽取的像元点个数。（图 3-10）

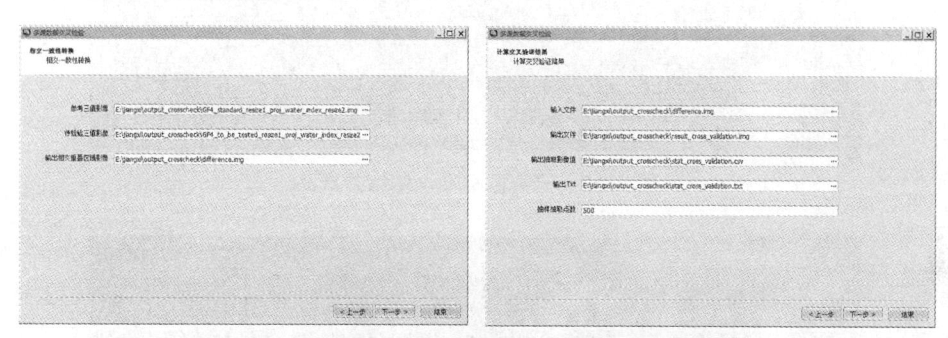

图 3-10　影像相交一致性转换及计算交叉验证结果界面

最后，输出多源数据交叉检验报告。设置数据来源、影像过境时间、水体指数类型等参数，设置影像值抽取文件、影像信息存储文件和检验报告的输出路径（图 3-11）。将影像和检验报告输出到用户指定的文件夹中。

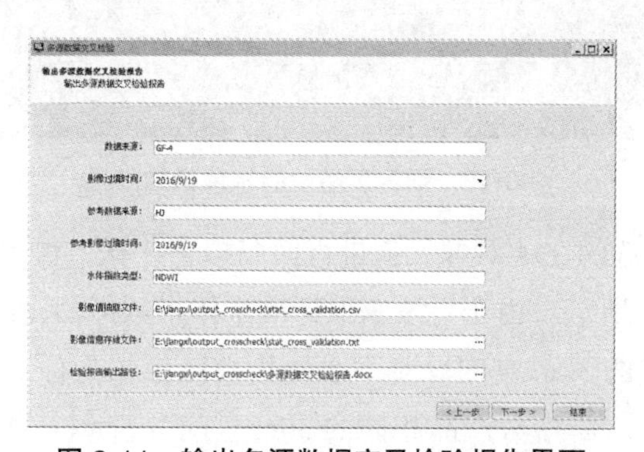

图 3-11　输出多源数据交叉检验报告界面

图 3-12 是研究区标准水体指数产品，图 3-13 是研究区待检验水体指数产品。

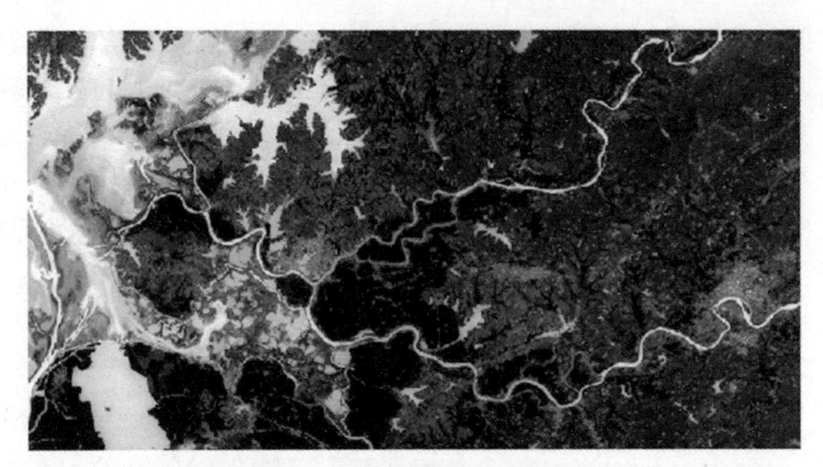

图 3-12　研究区标准水体指数产品

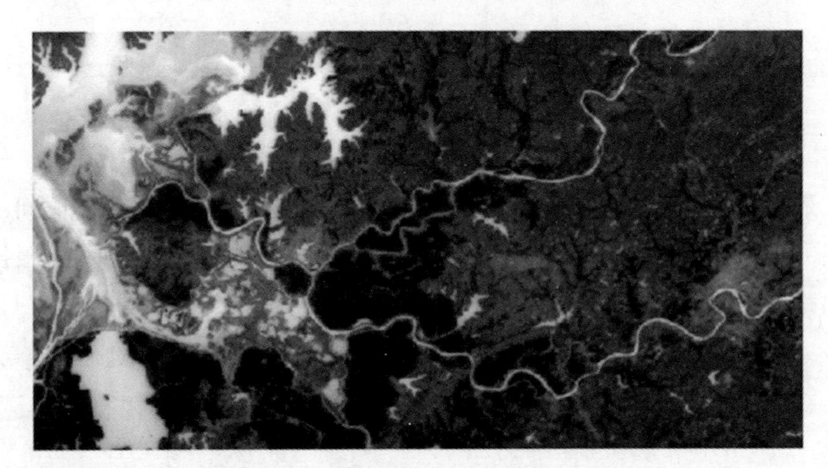

图 3-13　研究区待检验水体指数产品

根据随机抽选的 334 对像元值进行回归拟合计算，得到交叉检验模型拟合图，如图 3-14 所示。由于无法获取标准水体指数产品，因此以 HJ 卫星遥感影像数据生成的 30m 空间分辨率水体指数影像作为标准产品，并将其升尺度到和待检验水体指数产品相同的 50m 空间分辨率，对标准产品和待检验产品进行相关分析。软件给出交叉检验的结果，其中，RMSE 约为 0.16，r 约为 0.72，总体看来拟合效果较好。

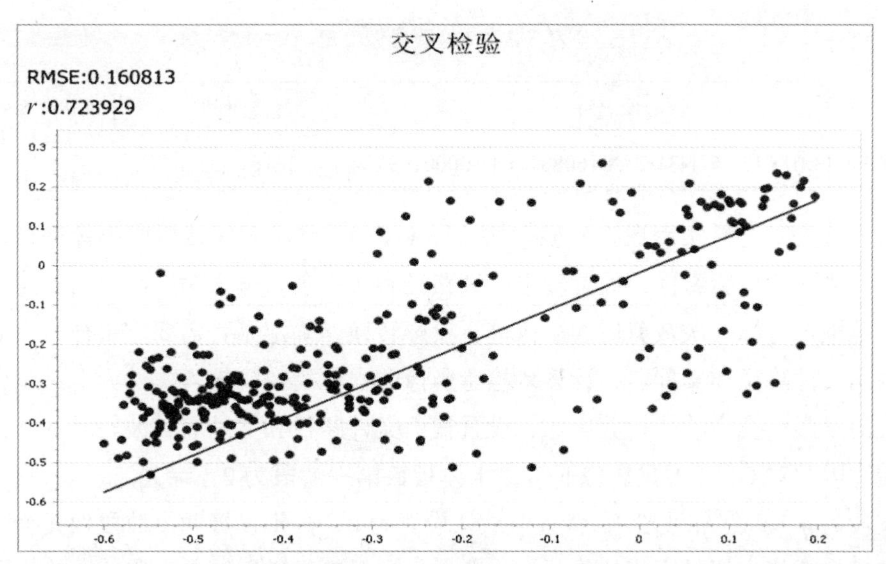

X 轴表示研究区标准水体指数产品值，*Y* 轴表示研究区待检验的水体指数产品值

图 3-14　交叉检验模型拟合图

3.2.2　基于地面多点采样的检验

基于地面多点采样的应用产品检验技术的关键在于设计出合理的采样方案，本部分主要通过实地采样的方式验证水体指数产品，通过对按照一定规则布设的多个样点分别观测，确定采样点的实际属性，判断产品对应的像元属性和实际属性是否一致，从而实现对产品精度的评价。基于地面多点采样的检验技术，可应用于各类产品尤其是数据产品和信息产品的检验。接下来将阐述应用软件实现基于地面多点采样检验的具体步骤。

本部分借助水面实地采样试验，实现对 GF-4 卫星数据产品的检验。待检验的遥感影像数据为 GF-4 卫星 50m 空间分辨率数据（表 3-2），通过实地采样数据验证水体指数产品的精度。在对影像进行几何校正后，通过 NDWI 提取影像水体指数，再通过阈值分割获取 50m 待检验水体指数产品。然后根据地面实测样点（水体、非水体）对待检验产品进行验证，获取精度结果。实地采样实验共得到水体样点 110 个，非水体样点 58 个，水面和陆面采样间隔大致固定。

表 3-2 待检验影像信息

影像名称	过境时间	空间分辨率
GF4_PMI_E121.5_N31.2_20160831_L1A0000129704	2016-8-31	50m

首先，选择实测数据检验模块（图 3-15）。对研究区待检验影像进行裁剪，输入待检验影像，设置输出文件路径和文件名，输入第一次裁剪的经纬度范围；对第一次裁剪后的影像进行投影转换，确定是否需要重采样，设置输出文件路径和文件名；计算待检验影像的水体指数，输入文件为上一步生成的投影转换后的待检验影像，设置输出文件路径和文件名，波段号从 0 开始，因此对 GF-4 卫星影像而言，水体指数第一波段为 2（绿光波段），第二波段为 4（近红外波段），背景值默认设置为 0，分别设置两个波段像元为云的参数阈值，超过阈值的像元设为背景值；对影像进行第二次裁剪，输入影像为上一步生成的水体指数影像，设置输出文件路径和文件名，输入裁剪的经纬度范围。

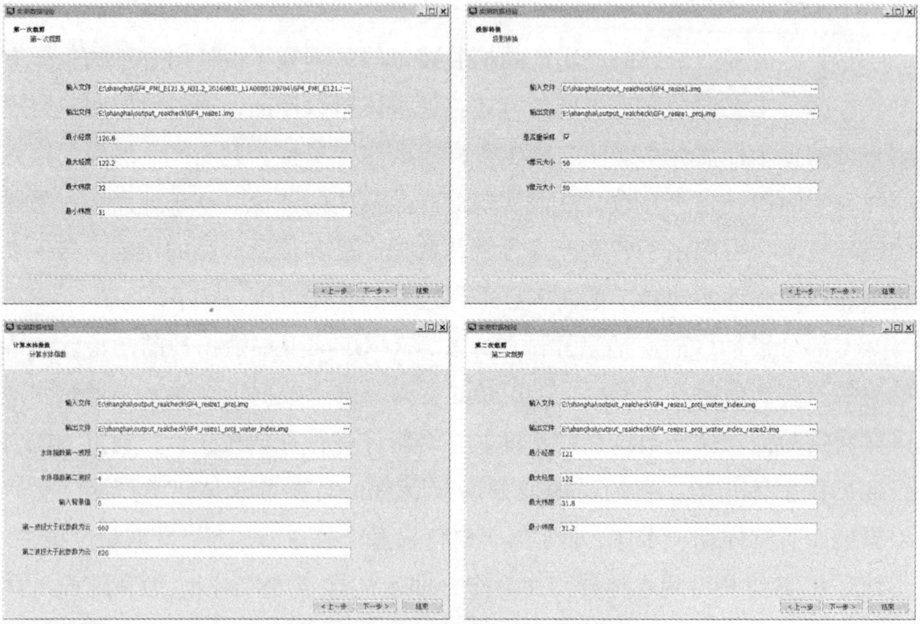

图 3-15 待检验影像预处理界面

其次，计算三值影像，输入经过预处理的水体指数影像，输入背景值默认为“-1”；高分与实测数据检验，输入文件为待检验的三值影像和地面实测数据的 CSV 文件。（图 3-16）

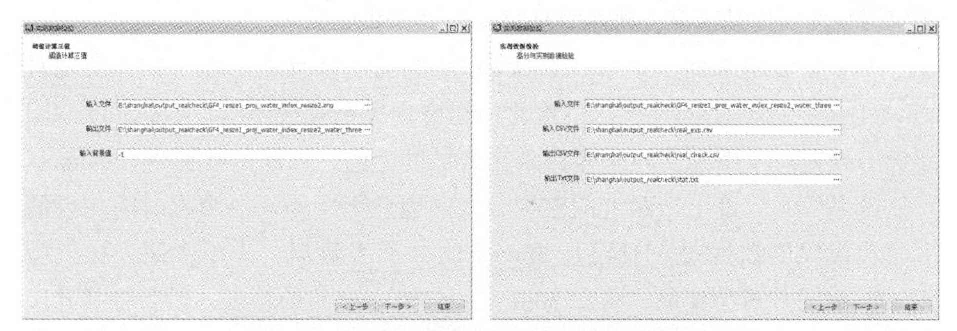

图 3-16　计算三值影像及实测数据检验界面

最后，输出实测数据检验报告，设置数据来源、影像过境时间和水体指数类型等，设置检验报告输出路径（图 3-17）；将影像和检验报告输出到用户指定的文件夹中；软件给出实测检验结果，其中总体正确率为 90.91%，检验精度效果较好。

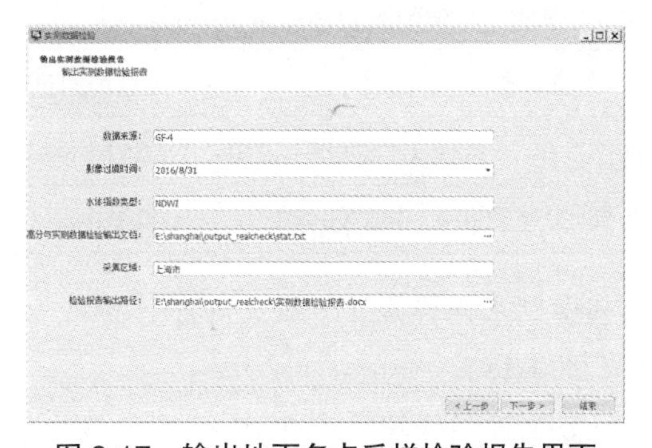

图 3-17　输出地面多点采样检验报告界面

3.2.3　基于高分辨率数据的检验

基于高分辨率数据的应用产品检验技术的核心是逐级多尺度验证。通过引入高分辨率数据，建立地面实测数据—中低分辨率像元的尺度转换桥梁，实现由地面观测数据验证高分辨率产品，由高分辨率产品验证低分辨率产品的逐级检验，从而解决了地面点—中低分辨率像元之间尺度不匹配的问题。

基于高分辨率数据的检验技术，在信息产品的应用中极为广泛。例如，全球的LAI产品，正是根据这样的思路进行的验证，通过地面的叶面积观测，建立观测和高分辨率影像的关系，从而验证更低分辨率的产品。接下来将阐述应用软件实现基于高分辨率数据检验的具体步骤。

本部分借助水面实地采样试验和HJ卫星遥感数据（表3-3），实现对GF-4卫星数据产品的检验。待检验的遥感影像数据为GF-4卫星50m空间分辨率数据，考虑到实际采样点是在点尺度上的，而高分数据是在50m空间分辨率像元尺度上，两者的差别较大，因此引入与高分数据时间相近的中间转换尺度数据——HJ卫星30m空间分辨率数据，先用实地采样点验证30m空间分辨率产品，得出30m空间分辨率产品的精度，然后将其升尺度到50m空间分辨率，用来检验GF-4卫星50m空间分辨率水体指数产品，从而可以更好地评价GF-4水体指数产品的精度。

在对两幅影像进行几何校正后，通过NDWI提取影像水体指数，然后通过阈值分割获取30m空间分辨率标准水体指数产品和50m空间分辨率待检验水体指数产品。

表3-3 待检验影像与标准影像信息

影像名称	过境时间	空间分辨率
GF4_PMI_E121.5_N31.2_20160831_L1A0000129704	2016-8-31	50m
HJ1B-CCD1-447-76-20160820-L20002909432	2016-8-20	30m

实地采样实验共得到水体样点110个，非水体样点58个，水面和陆面采样间隔大致固定（图3-18）。

第一，选择高分数据检验模块（图3-19）。对研究区的高分辨率影像进行裁剪，这里指的是30m空间分辨率的HJ卫星影像，设置输出文件路径和文件名，输入第一次裁剪的经纬度范围；对第一次裁剪后的高分辨率影像进行投影转换，并将像元大小重采样到和低分辨率待检验影像一致的50m空间分辨率，设置输出文件路径和文件名；计算高分影像的水体指数，输入文件为上一步生成的投影转换后的高分辨率影像，设置输出文件路径和文件名，波段号从0开始，因此对HJ卫星影像而言，水体指数第一波段为1（绿光波段），第二波段为3（近红外波段），背景值默认设置为0，分别设置两个波段像元为云的参数阈值，超过阈值的像元设为背景值；对影像进行第二次裁剪，输入影像为上一步生成的水体指数影像，设置输出文件路径和文件名，输入裁剪的经纬度范围。

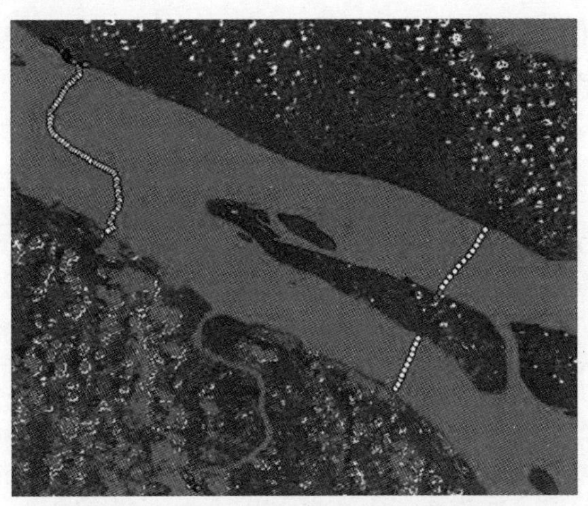

说明：图中圆点表示水面采样点位置，其中黑色区域表示陆面，灰色区域表示水体，白色区域表示云层遮挡。

图 3-18　研究区水面地面实地采样点分布图

高分影像第一次裁剪
高分影像第一次裁剪
输入影像 E:\shanghai\HJ1B-CCD1-447-76-20160820-L20002909432\HJ1B-CCD1-447-76-2016 …
输出影像 E:\shanghai\output_highresolutioncheck\GF4_high_resolution_resize1.img …
最小经度 120.8
最大经度 122.2
最大纬度 32
最小纬度 31
<上一步 下一步> 结束

高分影像投影转换
高分影像投影转换
输入影像 E:\shanghai\output_highresolutioncheck\GF4_high_resolution_resize1.img …
输出投影转换后影像 E:\shanghai\output_highresolutioncheck\GF4_high_resolution_resize1_proj.img …
是否重采样 ☑
x像元大小 50
y像元大小 50
<上一步 下一步> 结束

高分影像计算水体指数
高分影像计算水体指数
输入多波段影像 E:\shanghai\output_highresolutioncheck\GF4_high_resolution_resize1_proj.img …
输出水体指数 E:\shanghai\output_highresolutioncheck\GF4_high_resolution_resize1_proj_water_i …
水体指数第一波段 1
水体指数第二波段 3
输入背景值 0
第一波段大于此参数为云 600
第二波段大于此参数为云 820
<上一步 下一步> 结束

高分影像第二次裁剪
高分影像第二次裁剪
输入文件 E:\shanghai\output_highresolutioncheck\GF4_high_resolution_resize1_proj_water_i …
输出文件 E:\shanghai\output_highresolutioncheck\GF4_high_resolution_resize1_proj_water_i …
最小经度 121
最大经度 122
最大纬度 31.8
最小纬度 31.2
<上一步 下一步> 结束

图 3-19　高分影像处理界面

第二，进行高分转低分影像投影转换，输入影像为高分辨率影像第一次裁剪之后的结果，对其进行投影转换并重采样到低分辨率影像的像元大小；对上一步投影转换后的结果进行水体指数运算，参数同上；高分转低分影像第二次裁剪，对上一步骤生成的水体指数影像进行第二次裁剪，设置裁剪的经纬度范围。（图 3-20）

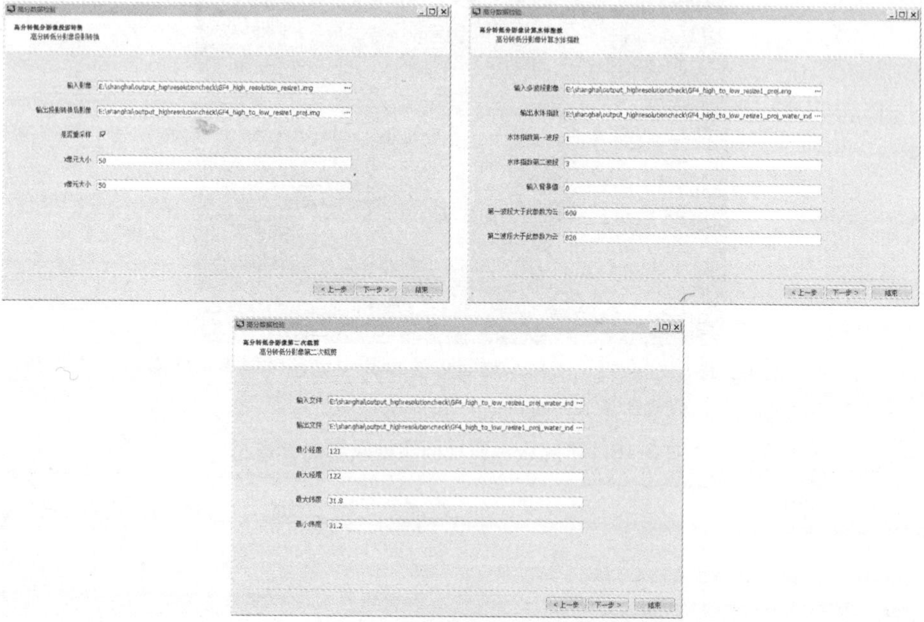

图 3-20 高分转低分影像处理界面

第三，对研究区的低分辨率影像进行裁剪，这里指的是 50m 空间分辨率的 GF-4 卫星影像，设置输出文件路径和文件名，输入第一次裁剪的经纬度范围；对第一次裁剪后的低分辨率影像进行投影转换，这里重采样可以设置为“否”，设置输出文件路径和文件名；计算低分影像的水体指数，输入文件为上一步生成的投影转换后的低分辨率影像，设置输出文件路径和文件名，波段号从 0 开始，因此对 GF-4 卫星影像而言，水体指数第一波段为 2（绿光波段），第二波段为 4（近红外波段），背景值默认设置为 0，分别设置两个波段像元为云的参数阈值，超过阈值的像元设为背景值；对影像进行第二次裁剪，输入影像为上一步低分影像生成的水体指数影像，设置输出文件路径和文件名，输入裁剪的经纬度范围。（图 3-21）

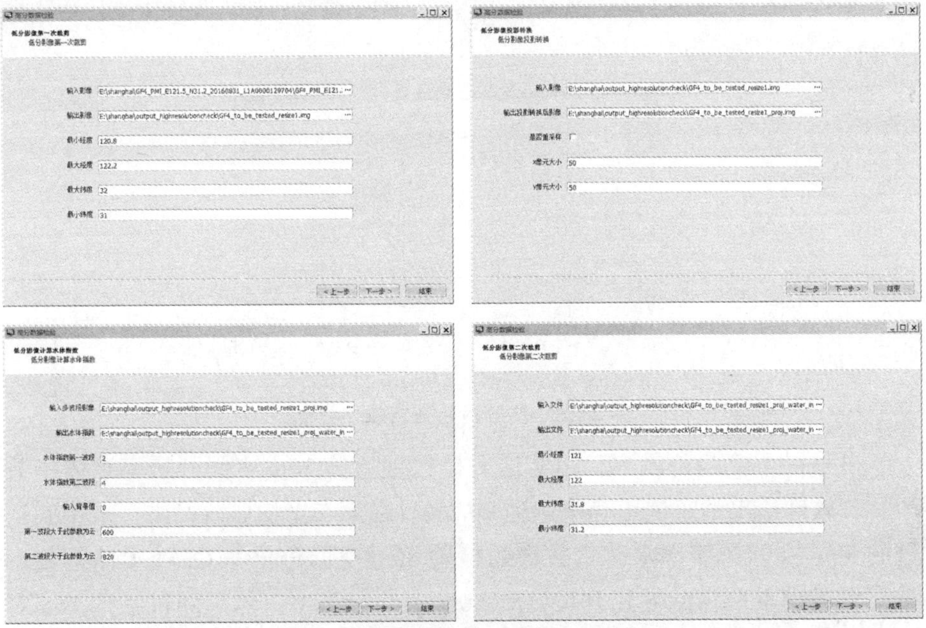

图 3-21　低分辨率影像处理界面

第四，进行低分高分交叉检验。输入高分转低分水体指数、低分水体指数，输出相交一致性转换影像、差值影像、抽样数据和统计结果，设置抽样点数量；进行高分辨率影像和实测数据之间的检验，输入高分辨率水体指数影像、背景值和实测数据，输出三值影像、实测与抽取数据和统计精度文件。（图 3-22）

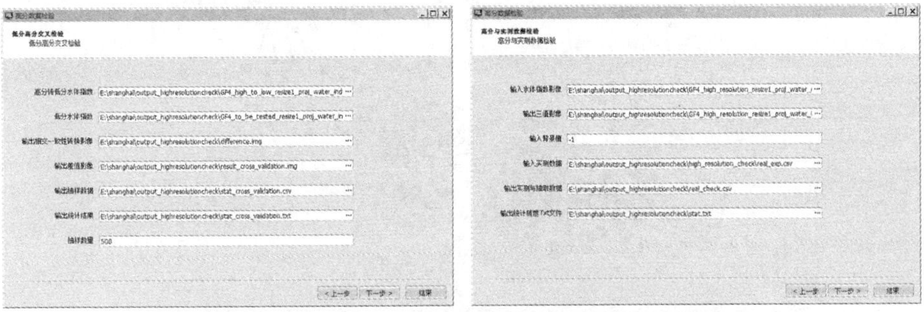

图 3-22　低分高分交叉检验及高分实测数据检验界面

第五，输出高分检验报告，设置高分数据来源、高分影像过境时间、水体指数类型等参数，输入影像值抽取文件、相交一致性转换信息和高分与实

测数据检验信息等，设置报告的输出路径，将影像和检验报告输出到用户指定的文件夹中。（图 3-23）

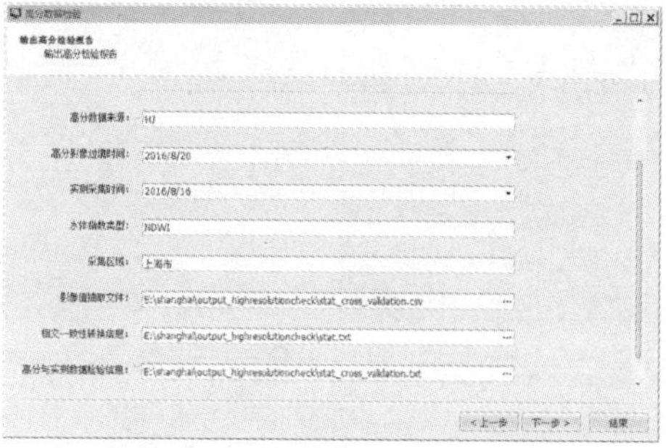

图 3-23　高分检验报告输出界面

在第一个检验阶段中，用实地采样数据检验 30m 空间分辨率水体指数产品，软件给出的总体正确率达到 90.3%。在第二个检验阶段中，采用验证过的 30m 空间分辨率水体指数产品检验 50m 空间分辨率 GF-4 水体指数产品，先通过重采样的方式升尺度到 50m 空间分辨率，然后随机抽选 165 对像元值进行回归拟合计算，得到高分辨率水体指数影像与待检验水体指数影像回归拟合图，如图 3-24 所示。软件给出的检验结果，其中，RMSE 约为 0.14，*r* 约为 0.76，总体看来拟合效果较好。

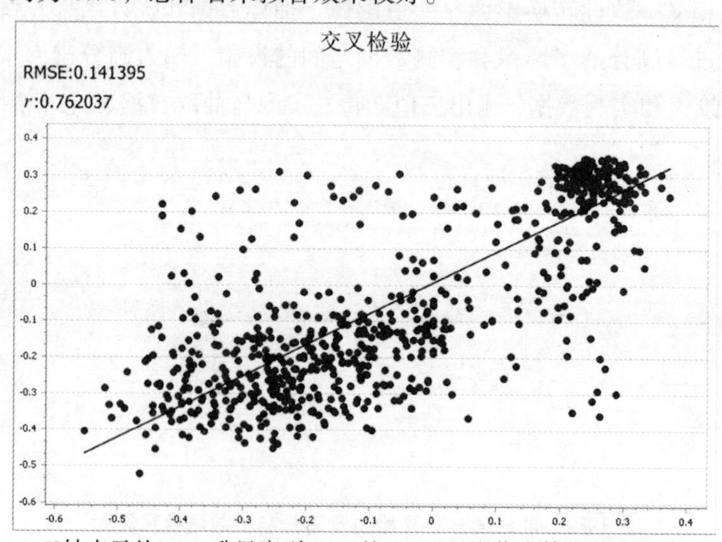

X 轴表示从 30m 升尺度到 50m 的 HJ 卫星影像水体指数产品值，
Y 轴表示待检验 GF-4 水体指数产品值

图 3-24　高分辨率水体指数影像与待检验水体指数影像回归拟合图

3.2.4 基于地表分类数据的检验

基于地表分类数据的应用产品检验需要具备精度已经得到认可的地表分类产品。以该分类产品作为标准产品，通过一定的质量评价指标，对待检验产品进行精度评价。根据地表分类数据的特殊性，该技术仅能应用于信息产品的检验或少量土地利用变化的专题产品的检验。接下来将阐述应用软件实现基于地表分类数据检验的具体步骤。

本部分待检验数据为 GF-4 卫星 50m 空间分辨率数据（表 3-4），研究区覆盖范围为厦门市。提取影像水体指数，生成产品，采用已有的地表分类数据检验产品精度。分类数据检验算法为混淆矩阵，主要用于比较水域分类结果和地表真实信息，可以把分类结果的精度显示在一个混淆矩阵里面。混淆矩阵是通过将每个地表真实像元的位置和分类与分类图像中的相应位置和分类相比较计算的。混淆矩阵的每一列代表了一个地表真实分类，每一列中的数值等于地表真实像元在分类图像中对应的相应类别的数量。

表 3-4　待检验影像信息

影像名称	过境时间	空间分辨率
GF4_PMI_E117.5_N21.3_20170302_L1A0000156559	2017-3-2	50m

首先，选择分类数据检验模块（图 3-25）。对研究区待检验影像进行裁剪，这里指的是 50m 空间分辨率的 GF-4 卫星影像，设置输出文件路径和文件名，输入第一次裁剪的经纬度范围；对第一次裁剪后的影像进行投影转换，确定是否需要重采样，设置输出文件路径和文件名；接下来计算待检验影像的水体指数，输入文件为上一步生成的投影转换后的待检验影像，设置输出文件路径和文件名，波段号从 0 开始，因此对 GF-4 卫星影像而言，水体指数第一波段为 2（绿光波段），第二波段为 4（近红外波段），背景值默认设置为 0，分别设置两个波段像元为云的参数阈值，超过阈值的像元设为背景值；然后对影像进行第二次裁剪，输入影像为上一步生成的水体指数影像，设置输出文件路径和文件名，输入裁剪的经纬度范围。

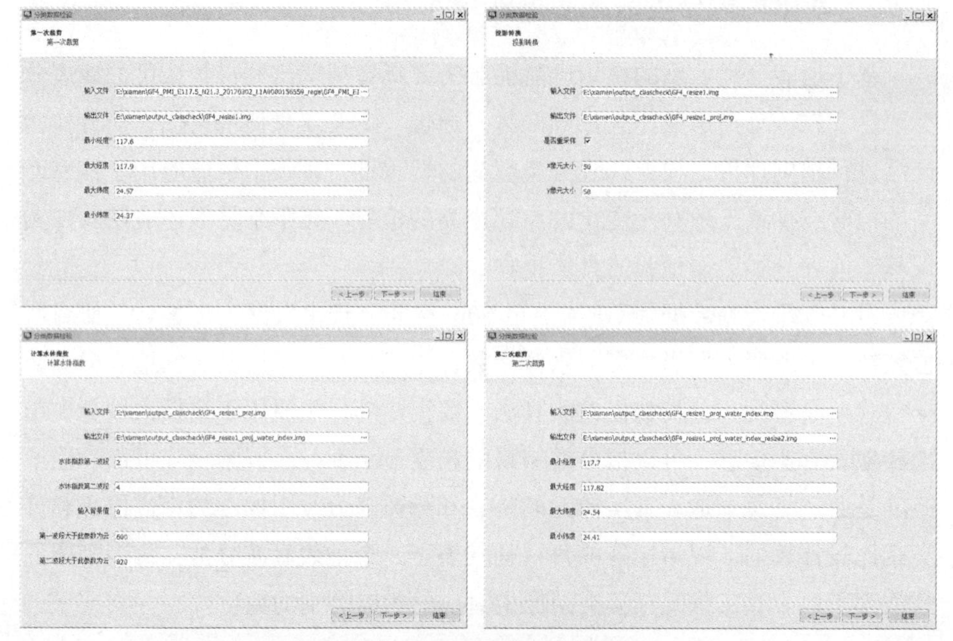

图 3-25　待检验影像预处理界面

其次，计算三值影像，输入经过预处理的水体指数影像，输入背景值默认为“-1”；相交一致性转换，输入参考三值影像和待检验三值影像，它们分别为地表分类数据（预处理为三值数据，仅包括水体、非水体和背景）和上一步生成的待检验三值影像，输出相交重叠区域影像。然后，进行阈值分类运算，输入相交一致性转换后文件，设置参考三值影像、待检验三值影像、参考分类影像和待检验分类影像的输出路径；计算混淆矩阵，输入参考分类影像、待检验分类影像，设置混淆矩阵文件和统计精度文件的输出路径。（图 3-26）

最后，输出分类数据检验报告，设置数据来源、影像过境时间等参数，输入混淆矩阵文件，设置检验报告的输出路径（图 3-27）。将影像和检验报告输出到用户指定的文件夹中。

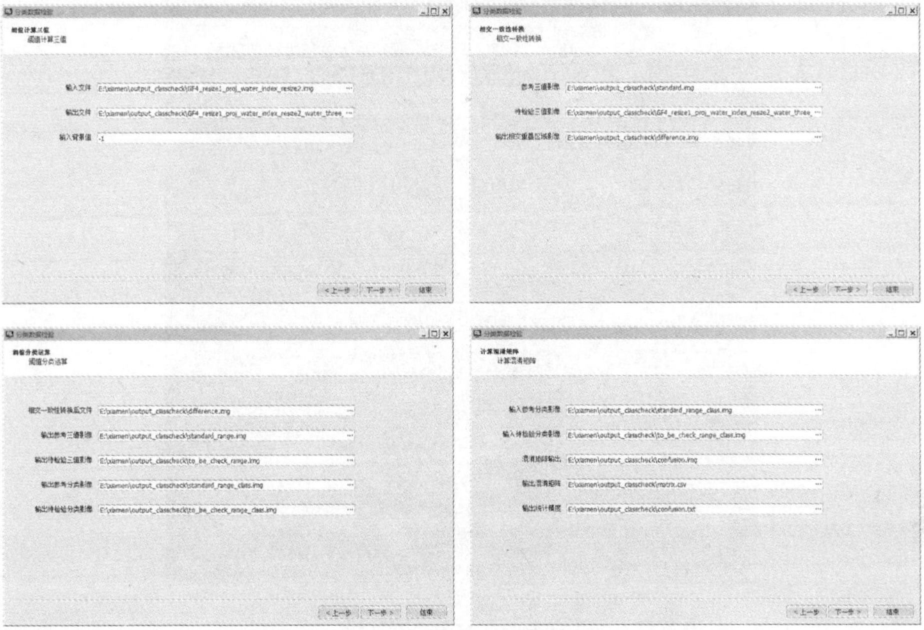

图 3-26　计算三值影像及计算混淆矩阵界面

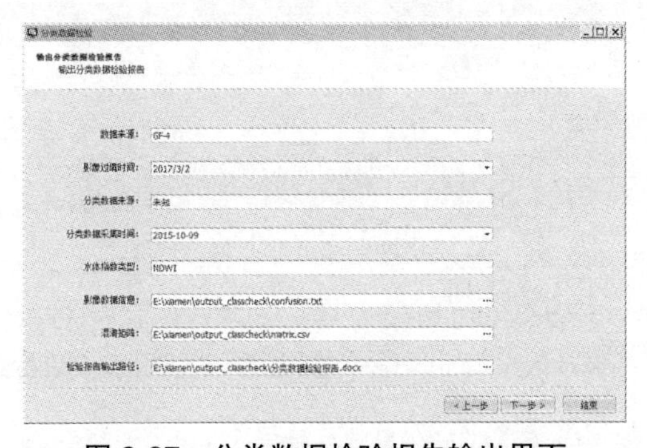

图 3-27　分类数据检验报告输出界面

图 3-28 是研究区标准三值分类数据，图 3-29 是研究区待检验三值分类数据。

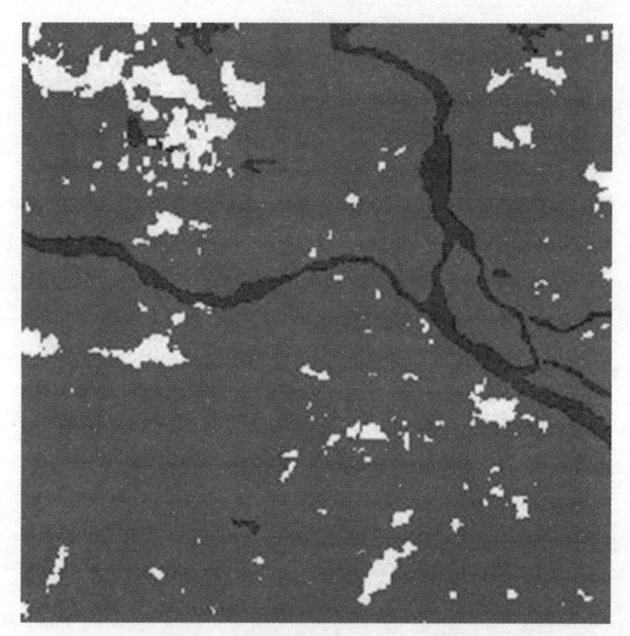

水体——黑色、非水体——白色、背景——灰色

图 3-28　研究区标准三值分类数据

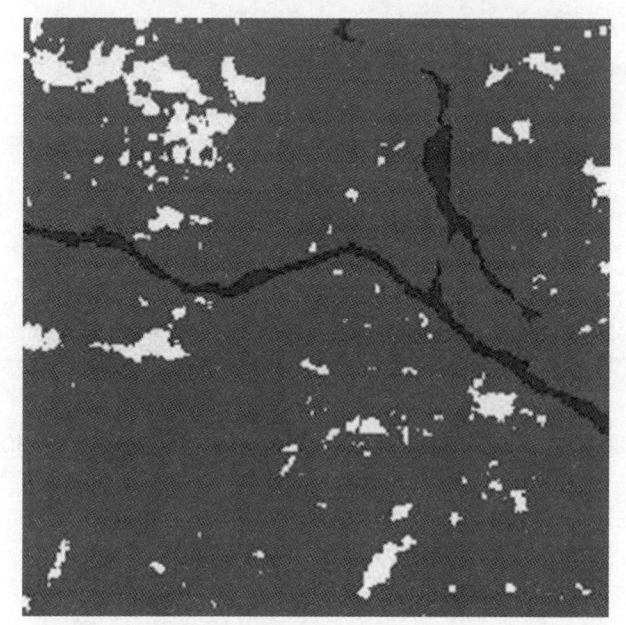

水体——黑色、非水体——白色、背景——灰色

图 3-29　研究区待检验三值分类数据

像元数分布矩阵（matrix）如表 3-5 所示。软件输出的结果显示，总体分类精度（Overall Accuracy）为 96.52%，Kappa 系数为 81.24%，错分误差为 21.65%，漏分误差 54.97%（表 3-6）。待检验水体面积为 5242500 m^2，参考水体面积为 9122500 m^2，则正确分类的水体面积为 4107500 m^2。

表 3-5 像元数分布矩阵

混淆矩阵（待检验 / 参考）	未分类	背景	水体	陆面	总计
未分类	0	0	0	0	0
背景	0	4213	0	0	4213
水体	0	0	1643	454	2097
陆面	0	0	2006	62436	64442
总计	0	4213	3649	62890	70752

表 3-6 所有误差的分布矩阵

分类	错分误差（Commission）	漏分误差（Omission）	制图精度（Prod.Acc）	用户精度（User.Acc）
未分类	0	0	0	0
背景	0	0	1	1
水体	0.22	0.55	0.45	0.78
陆面	0.03	0.01	0.99	0.99

3.3 本章小结

本章对面向减灾应用的水体指数遥感产品真实性检验软件的设计进行了概述，从需求分析、总体设计、功能设计以及数据库设计与建设等方面进行了介绍。本章还对常见的灾害遥感产品真实性检验的四种方法进行了详细描述和操作步骤示范，包括基于多源数据交叉的检验、基于地面多点采样的检验、基于高分辨率数据的检验、基于地表分类数据的检验（此软件不包含基于灾情动态演变过程的检验方法）。四种方法的选择主要取决于可获取的原始数据情况，在存在地面实测数据的情况下，优先选择使用地面实测数据，若待检验产品与地面实测数据尺度接近，则可采用基于地面多点采样的检验；若两者尺度差异较大，但可获取比待检验产品分辨率更高的数据，则可采用基于高分辨率数据的检验方法，以高分辨率数据作为桥梁实现产品的检验。在没有地面实测数据的情况下，若可获取高分辨率数据，可采用交叉检验。四种方法各有优缺点，因此多种检验方法结合评价灾害遥感产品更有助于获取全面客观的产品评价结果。

第四章 面向减灾应用的水体指数产品真实性检验业务案例

在全球气候变化背景下，我国洪涝灾害风险不断加剧。本章首先简要介绍了洪涝灾害遥感监测业务的内容及流程，并说明了水体指数产品在洪涝灾害遥感监测业务中的作用；其次选取黑龙江省松花江流域和海南省三亚市两个区域为案例区，对其进行水体指数产品的基于地面采样、多源数据交叉检验、地表分类数据、高分辨率数据的真实性检验实践，并对不同的检验方法进行了对比分析。

4.1 洪涝灾害遥感监测业务内容及流程

洪涝灾害主要分为山洪、流域性洪涝、城市内涝等类型。洪涝灾害遥感监测主要依托卫星、航空等平台获取的遥感数据，辅以人口、房屋、农作物分布等数据，在水体范围动态提取、倒损房屋与基础设施提取、农作物长势监测的基础上，开展灾害范围及强度监测、人口受灾、房屋与基础设施毁损等监测工作。按照自然灾害遥感监测的相关流程，洪涝灾害遥感监测主要包括基础数据准备、洪涝灾害风险监测、洪涝灾害应急监测以及洪涝灾害恢复重建监测工作。

4.1.1 洪涝灾害遥感监测产品的数据准备

数据准备工作是开展包括洪涝灾害在内的自然灾害遥感监测的前提，为灾害风险与应急监测工作提供数据支撑。按照数据内容分类，基础数据主要包括基础地理数据（行政区划、土地利用、地形地貌、植被覆盖等）、社会经济数据（人口密度、房屋分布、基础设施分布、农田分布等）、历史灾情数据（灾害范围及强度、农作物受灾面积、房屋毁损、基础设施毁损等）、气象水文数据（降水量、径流量等）；按照数据类型分类，基础数据主要包括文本数据、矢量数据、栅格数据等。遥感数据作为基础数据的重要组成部分，为满足洪涝灾害遥感各阶段所需，在基础数据准备中，需要搜集从米级到千米级等多分辨率遥感数据。为保障灾害遥感监测工作的顺利开展，基础数据需要明确在统一的地理坐标系统下开展分析工作，并需要保证统一的文件存储格式，便于统计与分析。因此，各类基础数据需要开展格式转换、影像校正的基础处理工作。（图 4-1）

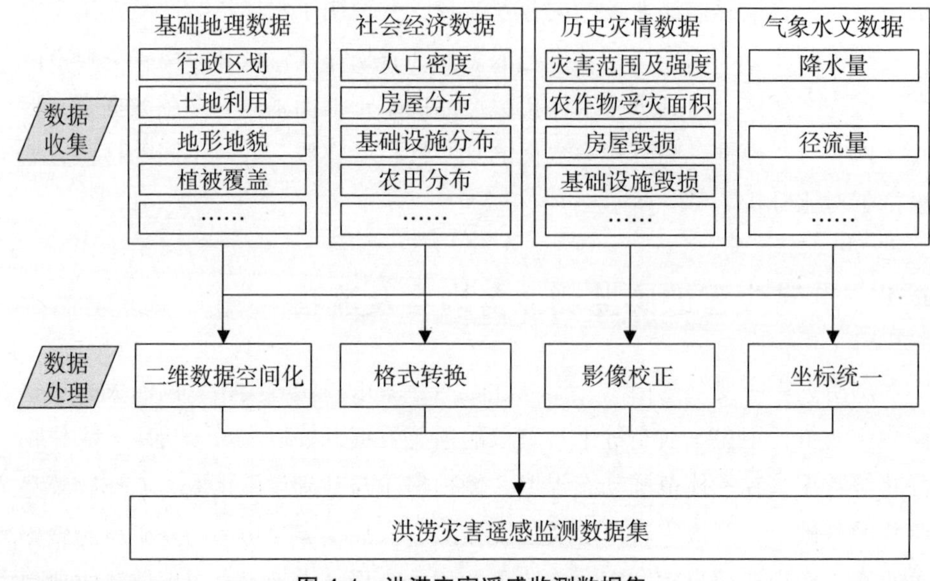

图 4-1 洪涝灾害遥感监测数据集

4.1.2 洪涝灾害遥感风险监测工作

洪涝灾害遥感风险监测工作主要依托基础数据及大尺度遥感监测数据开展洪涝灾害发生可能性与可能损失的监测与评估工作（图 4-2）。依托历史灾情与气象水文资料，并结合最新人口、房屋、农作物、防洪设施等分布数据，在开展洪涝灾害危险性、承灾体脆弱性基础上，开展洪涝灾害风险区划的分析，提取洪涝灾害高风险区。在汛期期间，依托大尺度气象卫星遥感数据，针对洪涝灾害高风险区开展加密观测，并结合地面气象预报数据，耦合水文模型，开展洪涝灾害风险等级评估，并针对不同风险等级，评估可能造成的人员、房屋、基础设施损失，明确需疏散人员的范围、数量，减轻洪涝灾害损失。

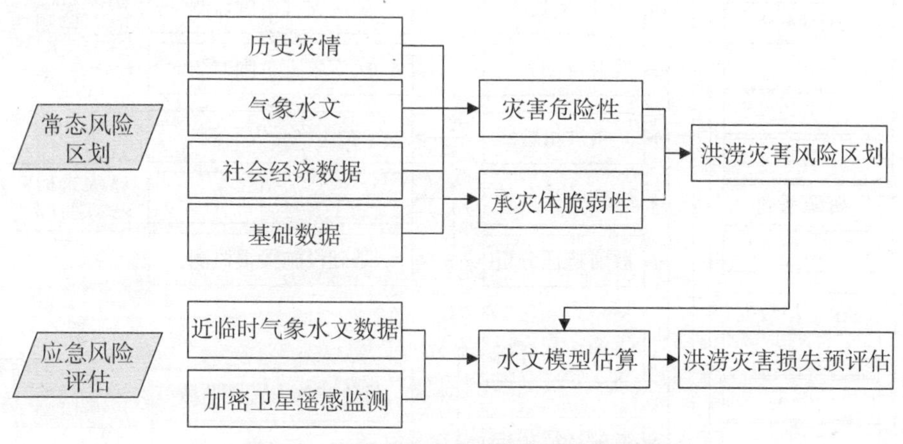

图 4-2　洪涝灾害风险监测与评估流程图

4.1.3　洪涝灾害遥感应急监测工作

洪涝灾害遥感应急监测工作是在洪涝灾害应急救援期间依托多源卫星及航空遥感数据开展洪涝灾害范围与损失监测工作（图 4-3）。多光谱数据、合成孔径雷达（Synthetic Aperture Radar，SAR）数据是开展洪涝灾害遥感监测的主要数据类型，数据空间分辨率需达到十米级及以上。目前，我国具备高、低轨遥感卫星相协同的突发洪涝灾害数据获取机制。GF-4 卫星作为静止轨道中高空间分辨率光学遥感卫星，具有响应速度快、监测频率高、覆盖范围广等特点，可在突发洪涝灾害时第一时间响应，并掌握灾区大致范围及变化趋势。HJ 卫星、GF-1、GF-2、GF-6、资源系列等光学遥感卫星，可在突发灾害时进行虚拟组网观测，形成针对洪涝灾害动态监测的高空间分辨率监测数据。此外，GF-3 卫星可提供多模式 SAR 卫星数据，可提供全天候监测数据，以弥补光学数据易受云层覆盖影响等不足，从而支撑洪涝灾害应急监测工作。

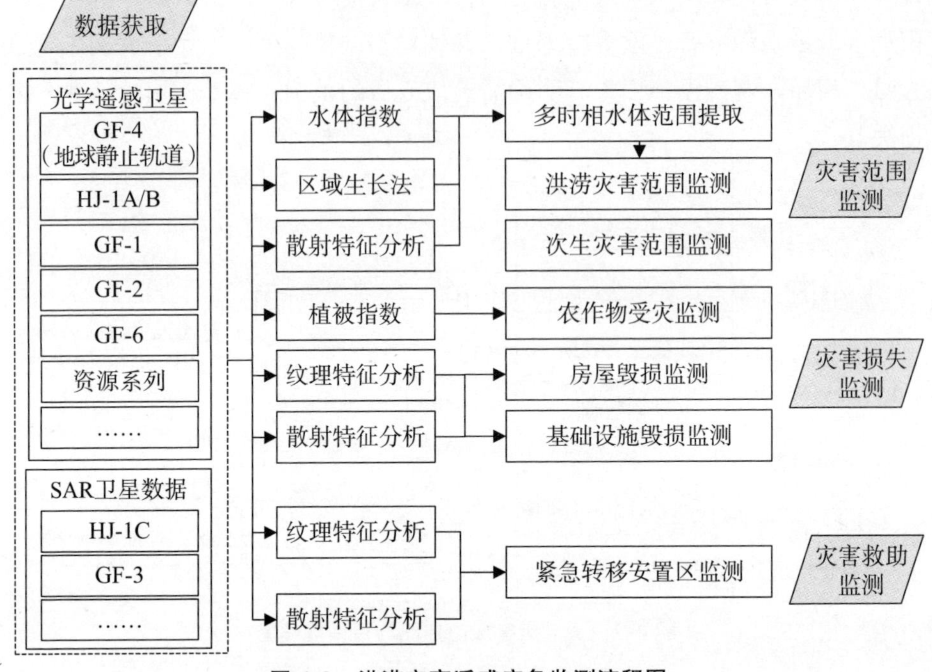

图 4-3　洪涝灾害遥感应急监测流程图

洪涝灾害范围动态监测。水体提取是开展洪涝灾害范围监测的基础性工作。基于多光谱遥感数据，通过水体指数阈值法、区域生长法等方法开展水体范围的提取。水体指数利用绿光、近红外谱段反射率进行差值归一化处理，重点提取水体范围。区域生长法则通过选择种子点，在周边像素反射率与种子点反射率差异在一定阈值范围内，逐步扩充范围进而提取水体范围。SAR卫星数据则根据极化方式的不同，选择合适的方法。针对水体而言，一般选择单极化数据即可。针对全极化数据而言，一般可通过极化分解方法，根据水体与其他地物类型散射特征差异开展水体范围提取。

洪涝灾害损失监测。农作物、房屋、基础设施的毁损是洪涝灾害的主要影响。农作物受灾监测主要依托光学遥感数据，在开展灾前、灾后植被指数变化差异的基础上，结合农作物生长特性开展农作物受灾情况监测。房屋、基础设施毁损监测主要依托高空间分辨率光学遥感卫星数据、SAR 卫星数据，在纹理特征、散射特征变化差异的基础上，开展房屋倒塌、桥梁冲毁、水库溃坝等灾害损失监测。

此外，洪涝灾害救助监测利用高空间分辨率光学遥感卫星数据、SAR卫星数据，针对紧急转移安置区、帐篷分布等情况，及时了解灾害应急救援、救助等工作的开展情况，并对洪涝灾害可能诱发的滑坡、泥石流等次生灾害开展监测。

4.1.4　洪涝灾害遥感恢复重建监测工作

洪涝灾害遥感恢复重建监测工作主要针对农作物、房屋、基础设施的恢复重建，以及洪涝灾害诱发的滑坡体生态修复开展监测（图 4-4）。农作物恢复监测主要依托光学遥感数据，持续监测农业生产复耕、复种情况。房屋、基础设施毁损监测主要依托高空间分辨率光学遥感卫星数据、SAR卫星数据，重点提取新建房屋分布，了解道路抢通、堤坝修复等情况。滑坡体生态恢复监测则主要依托光学遥感数据，持续跟踪植被覆盖情况。

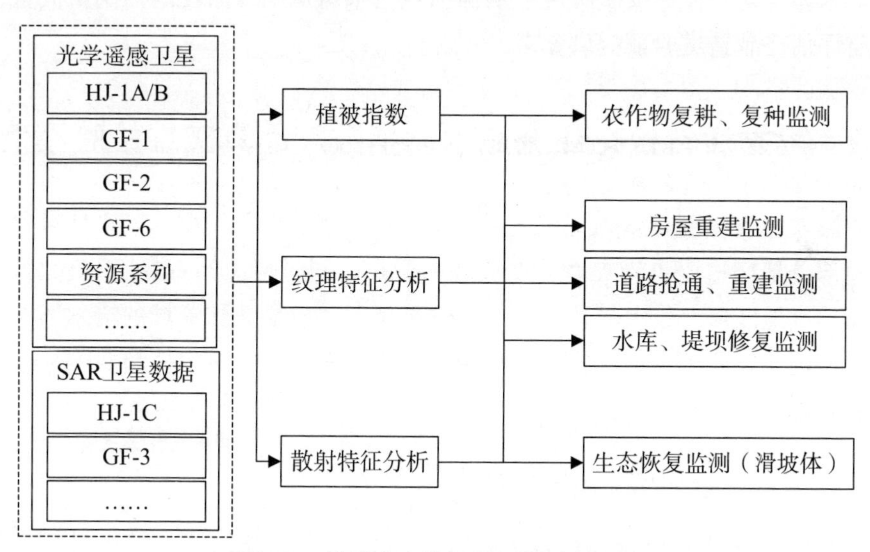

图 4-4　洪涝灾害恢复重建监测流程图

4.1.5　水体指数产品在洪涝灾害遥感监测工作中的作用

水体指数产品主要用于水体识别及分布范围的提取，在洪涝灾害监测中发挥着重要作用。通过灾前、灾后水体范围的差异开展洪涝范围的监测，同时，也为洪涝灾害损失评估提供了重要参考依据。水体指数主要是基于水体在可见光、近红外、中波红外反射率与其他地物反射率的差异而构建的用于快速开展水体识别的遥感指数。纯净水体反射主要集中在可见光中的蓝绿光波段，而在可见光中的其他波段、近红外波段、中波红外波段的反射率明显低于其他地物的反射率。此外，水体中杂质含量不同，波段发射率存在差异，如泥沙含量较高的水体在可见光波段（尤其是黄—红波段）反射率较高，叶绿素含量较高的水体在近红外波段存在较高的反射率。目前，根据卫星载荷波段设置，常用的水体指数主要包括绿与近红外波段反射率构建的水体指数、绿与中波红外波段反射率构建的水体指数以及近红外与中波红外波段反射率构建的改进型水体指数。由于不同卫星载荷谱段设置存在差异，不同区域、不同时相水体杂质含量也有所不同。

鉴于水体指数产品在洪涝灾害监测中的重要作用，水体指数产品在开展包括水体范围应用之前需要开展水体指数产品有效性验证，检验水体指数产品对水体反射特征的反映程度，从而为包括水体范围产品在内的洪涝灾害监测与评估产品精度验证提供参考。

4.2 黑龙江省松花江流域水体指数产品真实性检验案例

黑龙江省松花江流域是较易发生洪涝灾害的地区，2014 年 6 月哈尔滨周边部分地区遭受洪涝灾害并造成较大影响。同时考虑到 GF-4 卫星数据在中高纬度地区形变较大的特点，本节选择黑龙江省松花江流域的哈尔滨及其周边河段作为典型中纬度松花江流域洪涝灾害案例区，对水体指数产品进行检验测试。

4.2.1 移动终端灾害现场信息采集方案生成

案例区域选择松花江河段，范围是从肇东市到哈尔滨市的区域，选择待检验水体指数的数据为 GF-4 卫星 50m 空间分辨率的光学影像数据，即 2016 年 5 月 13 日的 GF4_PMI_E126.6_N45.7_20160513_L1A0000112399。

首先，地面实测采集方案模块主要根据水域范围来设计，尽量能让采集点代表全面的水域信息。采集方案如下：

（1）用最近期的水域分类数据或水体指数计算出水域分类数据。

（2）根据水域范围计算出建议采集点并导出。

（3）采集方案受到空间地域（空间代表性）、时间（卫星过境时间）、分辨率（最大限度地保证纯净像元）的限制，为了满足实测数据的空间代表性、时间准确性、纯净像元，考虑到客观的采集难度（时间难度、空间路线等），实地采集可根据实际情况做出一定调整。

（4）采集方案输出包含采集时间（本地时间）、采集的地理坐标（经纬度）、采集的值、离岸水陆交界距离。采集子区有两种采集方法：一是两点采样，每个采集子区均采集水域点和陆面点两个点；二是多点随机采样，每个采集子区选若干采样点，随机选择，要求每个子区至少采集两个点，一个为水体点，一个为陆面点。

（5）采集数据格式为 CSV，采集完成后将其导入数据库。

其次，建议采集点的个数为 400，建议采集点影像为所有可采集点的集合。再进一步生成建议采集点的 CSV 文件，此文件为建议采集点影像抽样后获得的点位信息，包括样点的经纬度坐标。图 4-5 为处理后的案例区三值分类数据，图 4-6 为案例区边缘检测数据，图 4-7 为根据水域范围计算出的案例区建议采集点影像。

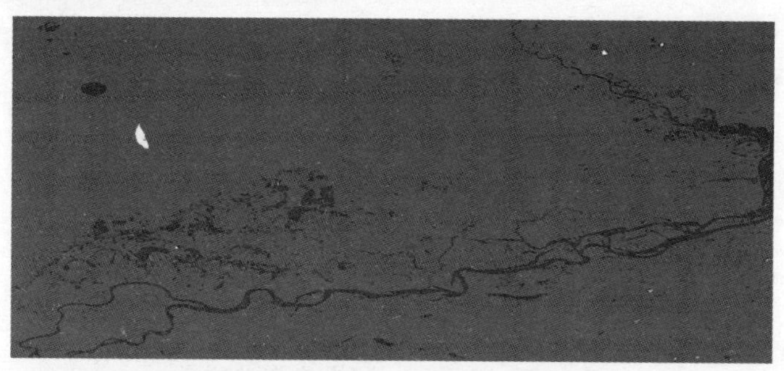

图 4-5 案例区三值分类数据

图 4-6 案例区边缘检测数据（水陆边缘提取）

图 4-7　案例区建议采集点影像（所有可采集点的集合）

最后，给出建议采集点表格文件，包括 400 个建议采集点位的经纬度坐标，将建议坐标值导入移动终端（如 GPS），再结合实地实时状况，即可进行检验点的实地采集。图 4-8 是最后生成的灾害遥感产品检验报告，报告正文由摘要、采集方案和提文件信息三部分组成。[①]

灾害遥感产品检验报告

——水体指数产品实地数据采集方案

国家减灾中心　　编　　　　2017 年 01 月 12 日

摘要：

利用 GPS 进行试验点定位，同时考虑与卫星的过境时间相一致，还要考虑到客观采集难度（采点路线等），最后，记录各点的土地覆盖类型，将实地调查的真值样本点进行数字化，形成真值样本分布图。

一、　采集方案

地面实测采集方案模块主要根据水域范围来设计，尽量的能让采集的地址代表全面的水域信息。采集方案如下：

(1) 先用最近期的水域分类数据或水体指数计算出水域分类数据；

(2) 根据水域范围计算出建议采集点并导出，如下图所示：

(3) 采集方案受到空间地域（空间代表性）、时间（卫星过境时间）、分辨率（最大限度的保证纯净像元）的限制，为了满足实测数据的时间准确性、空间代表性、纯净像元，考虑到客观的采集难度（时间难度、空间路线等），实地采集可根据实际情况做出一定调整；

(4) 采集方案输出包含采集时间（本地时间）、采集的地理坐标（经纬度）、采集的值、离岸水陆交界距离。采集子区有两种采集方法，①两点采样：每个采集子区采集水域点和陆面点两个。②多点随机采样：每个子区选若干采样点，随机选择，要求每个子区至少需要两个点，一个为水体点，一个为陆面点。

(5) 采集数据形式为CSV，采集完成后导入数据库。

二、　提交文件

(1) 建议采集点个数：400

(2) 建议采集点影像：建议采集点影像为所有可采集点的集合

文件路径：

D:\waterIndex\pro\collect_real_data\GF4_resize1_proj_water_index_resize2_water_three_dn_canny_via_mask.img

(3) 建议采集点 CSV 文件：建议采集点 CSV 文件为建议采集点影像抽样后获得

文件路径：

D:\waterIndex\pro\collect_real_data\advise_points.csv

(4) 采集空文档 CSV 文件：采集空文档 CSV 文件

文件路径：

D:\waterIndex\waterIndexCS\Modle\CSV\advise_points.csv

图 4-8　案例区灾害遥感产品检验报告

① 为了行文需要，本章中出现的报告只做样例呈现，对其内容不做修改，余同。

4.2.2 基于地面多点采样的检验

结合 GF-4 卫星遥感数据和水面遥感试验，开展松花江流域水面范围的提取和检验，验证案例区选择黑龙江省哈尔滨市松花江南岸到北岸太阳岛附近区域、肇东市南部水库以及松花江边的涝洲镇等易于到达的地区。

由于采样时间附近获取的遥感影像在该研究区域云量较大，因此采用相隔时间最近的影像数据，选择的遥感数据为 GF-4 卫星 2016 年 5 月 13 日该区域的 50m 空间分辨率数据 GF4_PMI_E126.6_N45.7_20160513_L1A0000112399。在对影像进行几何校正后，选择 NDWI 提取该影像的水体指数，对应到 GF-4 卫星波段：

$$NDWI = [p(3) - p(5)] / [p(3) + p(5)] \tag{4.1}$$

设置阈值为 0，数值大于 0 的为水体，小于或等于 0 的为非水体，作为待检验的水体指数产品。

选取松花江样区为 1km × 1.4km 的主体江面为江面样本，结合软件给出的建议采样点，将采样间隔大致设为 25m，此外还在太阳岛沿江某些位置及大桥上进行水面和水边采点；选取肇东水库作为长期稳定的水体样本，环绕水库边采集了 5 个地面样点；选取涝洲镇松花江支流河面 100m × 200m 区域作为洪水范围采样区，沿江采样。利用 GPS 进行试验点定位，同时既要考虑与卫星的过境时间相一致，还要考虑客观采集难度（采点路线等），记录各点的土地覆盖类型，将实地调查的真值样本点进行数字化，形成真值样本分布图。最终确定水体采样点共计 136 个，非水体采样点共计 56 个。图 4-9 检验报告结果显示，产品检验精度为 95.3%，检验精度效果较好。

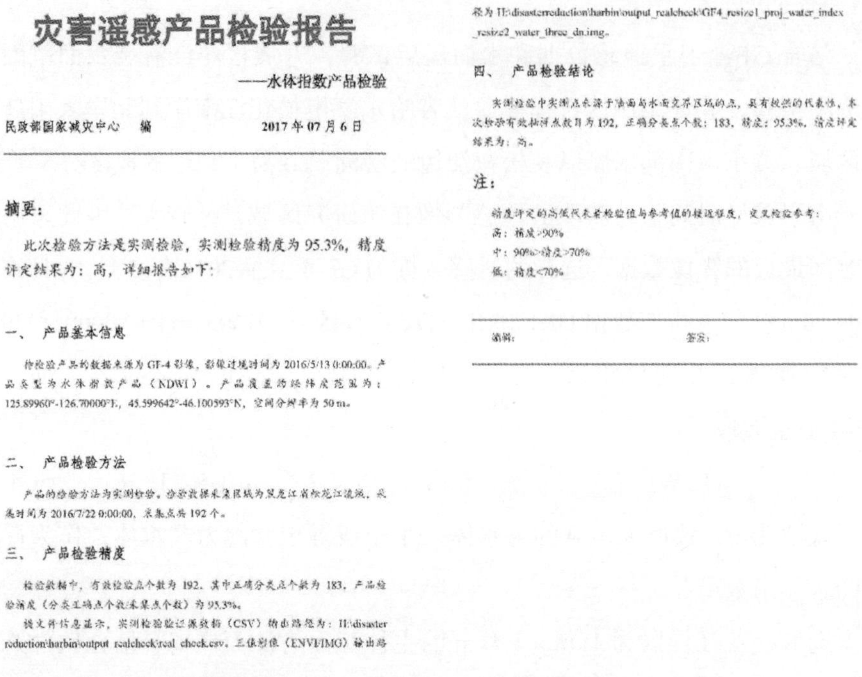

灾害遥感产品检验报告

——水体指数产品检验

民政部国家减灾中心　编　　　　2017 年 07 月 6 日

摘要：

此次检验方法是实测检验，实测检验精度为 95.3%，精度评定结果为：高，详细报告如下：

一、　产品基本信息

待检验产品的数据来源为 GF-4 影像，影像过境时间为 2016/5/13 0:00:00。产品类型为水体指数产品（NDWI）。产品覆盖的经纬度范围为：125.89960°-126.70000°E，45.599642°-46.100593°N，空间分辨率为 50 m。

二、　产品检验方法

产品的检验方法为实测检验。检验数据采集区域为黑龙江省松花江流域，采集时间为 2016/7/22 0:00:00，采集点共 192 个。

三、　产品检验精度

检验数据中，有效检验点个数为 192，其中正确分类点个数为 183，产品检验精度（分类正确点个数/采集点个数）为 95.3%。

该文件信息显示，实测检验验证源数据（CSV）输出路径为：H:\disasterreduction\harbin\output_realcheck\real_check.csv。三值影像（ENVI IMG）输出路径为 H:\disasterreduction\harbin\output_realcheck\GF4_resize1_proj_water_index_resize2_water_three_dn.img。

四、　产品检验结论

实测检验中实测点来源于陆面与水面交界区域的点，具有较强的代表性，本次检验有效抽样点数目为 192，正确分类点个数：183，精度：95.3%，精度评定结果为：高。

注：

精度评定的高低代表着检验值与参考值的接近程度，定义检验参考：

高：精度>90%

中：90%>精度>70%

低：精度<70%

编制：　　　　签发：

图 4-9　基于地面多点采样方法的输出报告示例（黑龙江案例区）

4.2.3　基于高分辨率数据的检验

本部分借助水面实地采样试验和 HJ 卫星遥感数据，实现对 GF-4 卫星数据产品的检验，待检验的遥感影像数据为 GF-4 卫星 50m 空间分辨率数据 GF4_PMI_E126.6_N45.7_20160513_L1A0000112399，考虑到实际采样点是在点尺度上的，而高分数据是在 50m 空间分辨率的像元尺度上的，两者的差别较大，因此引入与高分数据时间相近的中间转换尺度数据——HJ 卫星 30m 空间分辨率数据 HJ1B-CCD1-446-60-20160513-L20002838780，先用实地采样点验证 30m 空间分辨率产品，得出 30m 空间分辨率产品的精度，然后将其升尺度到 50m 空间分辨率，用来检验 GF-4 卫星 50m 空间分辨率水体指数产品，从而可以更好地评价 GF-4 水体指数产品的精度。

在对两幅影像进行几何校正后，通过 NDWI 提取影像水体指数，然后通过阈值分割获取30m空间分辨率标准水体指数产品和50m空间分辨率待检验水体指数产品。实地采样实验共得到水体样点136个，非水体样点56个，水面和陆面采样间隔大致固定。在第一个检验阶段中，用实地采样数据检验30m空间分辨率水体指数产品，产品检验精度为93.7%，说明30m空间分辨率的水体指数产品精度较好，用其检验50m空间分辨率水体指数产品的结果较为可靠。

在第二个检验阶段中，采用验证过的30m空间分辨率水体指数产品检验50m空间分辨率GF-4水体指数产品，先通过重采样的方式将30m空间分辨率水体指数产品升尺度到50m空间分辨率，然后随机抽选462对像元值进行回归拟合计算，得到的拟合直线图如图4-10所示。

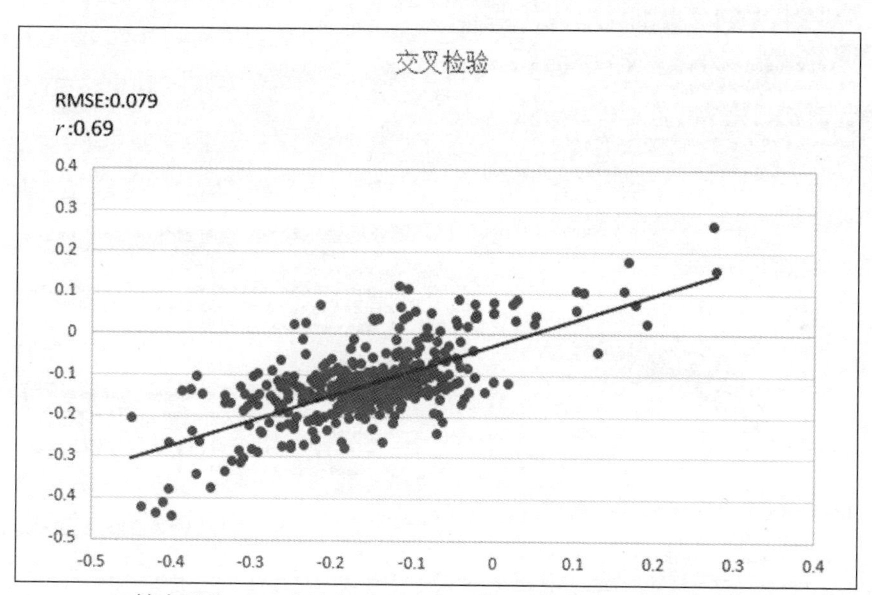

*X*轴表示从30m升尺度到50m的HJ卫星影像水体指数产品值，
*Y*轴表示待检验GF-4水体指数产品值

图4-10　高分辨率水体指数产品与待检验水体指数产品回归拟合图

图4-11的检验报告结果显示，RMSE约为0.08，r为0.69，总体看来拟合效果较好，说明模型的精度较好，该GF-4水体指数产品相较于标准水体指数产品的精度较好，从而解决了地面点—中低分辨率像元尺度不匹配的问题，实现了对GF-4水体指数产品的检验。

灾害遥感产品检验报告

——水体指数产品检验

民政部国家减灾中心 编　　　　2017 年 07 月 8 日

摘要：

此次检验方法是高分检验，高分检验分为两个部分：高分与实测数据检验；基于平均距离抽样相关分析的高分与低分交叉检验。检测结果的中高分与低分交叉检验相关系数 r = 0.69，高分与低分交叉检验均方根误差 RMSE = 0.079，高分与实测精度为 93.7%，精度评定结果为：低，详细报告如下：

一、 产品基本信息

为了能较好地验证中低分辨率遥感产品，引入高分辨率遥感数据作为桥梁，向地面观测数据验证高分辨率遥感产品，进而由高分辨率遥感产品验证低分辨率遥感产品是目前遥感产品真实性检验的一种主流方法，即多尺度逐级验证。

高分与低分交叉检验：采用交叉验证，交叉检验的前提是已有同类且精度得到认可的遥感产品（相同时间、地理位置、统一到相同空间分辨率和波段的参考产品），计算标准水体指数与待检验水体指数两者的相关系数（r）与均方差（RMSE）。

高分与实测检验：通过有规律的采样方案，获取有明确地理坐标的水体及其它地物的采样点，然后将这些实地采样点视作真值样本。

待检验产品的数据来源为 GF-4 影像，影像过境时间为 2016/5/13 0:00:00。产品类型为水体指数产品（NDWI）。产品覆盖的经纬度范围为：125.89960°-126.70000°E，45.599642°-46.100593°N，空间分辨率为 50 m。

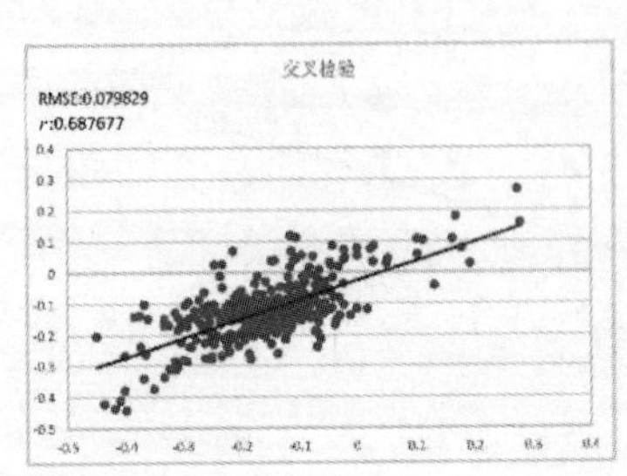

通过正负灰度值来代表水体指数精度的空间分布，输出参考水体指数与待检验水体指数的差值，从差值影像中可看到误差空间分布。

（2）高分与实测检验精度

检验数据中，有效检验点个数为 192，其中正确分类点个数为 180，产品检验精度（分类正确点个数/采集点个数）为 93.7%。

（3）水体面积检验

通过水体面积对比进行检验，其中待检验影像水体面积为 251157500 平方米，参考影像水体面积为 275110000 平方米。

说文件信息显示，交叉检验抽样数据（csv）输出路径为

H:\disaster reduction\harbin\output_highresolutioncheck\stat_cross_validation.csv；

误差空间分布影像（ENVI/IMG）输出路径为

H:\disaster reduction\harbin\output_highresolutioncheck\result_cross_validation.img；

验证源数据（CSV）输出路径为

H:\disaster reduction\harbin\output_highresolutioncheck\real_check.csv。

四、 产品检验结论

高分与低分交叉检验中使用了平均距离抽样检验，本次检验有效抽样点数目为 462，超过 200，所以其置信度大于 95%，总体精度均方根误差 RMSE = 0.079，相关系数 r = 0.69。

高分实测检验中实测点来源于陆面与水面交界区域的点，具有较强的代表性，本次检验有效抽样点数目为 192，正确分类点个数为 180，精度为 93.7%。

精度评定结果为：低。

注：

精度评定的高低代表检验值与参考值的接近程度，高分检验参考：

高：高分与低分相关系数 r>0.9；高分与低分均方根误差 RMSE<0.0001；高分实测精度>90%

中：除过精度评定"高"以外，高分与低分相关系数 r>0.8；高分与低分均方根误差 RMSE<0.0002；高分实测精度>70%

低：其他

编辑：　　　　　　签发：

二、 产品检验方法

产品的检验方法为高分检验。检验过程中需要用到两种检验数据，其中，高分参考水体指数产品的数据来源为 HJ 影像，影像过境时间为 2016/5/13 0:00:00，空间分辨率为 30 m。地面实测数据的采集区域为黑龙江省松花江流域，采集时间为 2016/7/22 0:00:00，采集点共 192 个。

三、 产品检验精度

（1）高分与低分交叉检验精度

对参考水体指数和待验证水体指数模型进行分析，模型的精度通过均方根误差 RMSE、预测值和实测值之间的相关系数 r。

$$\mathrm{RMSE}=\sqrt{\frac{\sum_{i=1}^{n}\left[E(y_i)-y_i\right]^2}{n}}$$

其中：$E(y_i)$表示第 i 个实际观测值；y_i 为第 i 个模型反演的预测值；n 为观测样本总数。RMSE 常用以量化模型精度，而 r 可评估模型的精确性。RMSE 数值越低，回归模型越精确。相关系数 r 越接近于 1，模型精度越高，最终可得到待检验水体指数产品相对于参考水体指数产品的相对精度。

此次检验中，有效抽样点数目 462、均方根误差 RMSE = 0.079、相关系数 r 0.69。

图 4-11　基于高分辨率数据检验方法的输出报告示例（黑龙江研究区）

4.3　海南省三亚市水体指数产品真实性检验案例

海南省三亚市是受强台风、强降雨等灾害影响较为严重的地区，同时考虑 GF-4 卫星在低纬度形变较小的因素，因此选择海南省三亚市作为低纬度洪涝灾害研究案例区。

4.3.1　基于多源数据交叉的检验

本部分借助已知精度的 HJ 卫星水体指数产品，实现 GF-4 水体指数产品的交叉检验，案例区选择海南省三亚市。待检验 GF-4 影像为 2017 年 2 月 22 日获取的 50m 空间分辨率数据 GF4_PMI_E110.0_N19.0_20170222_L1A0000156026，标准影像选择与待检验影像时间相近的 30m 空间分辨率数据 HJ1A-CCD2-4-96-20170206-L20003062636，在对两幅影像进行几何精校正和相交一致性处理与转换后，选择 NDWI 提取两幅影像的水体指数（图 4-12）。

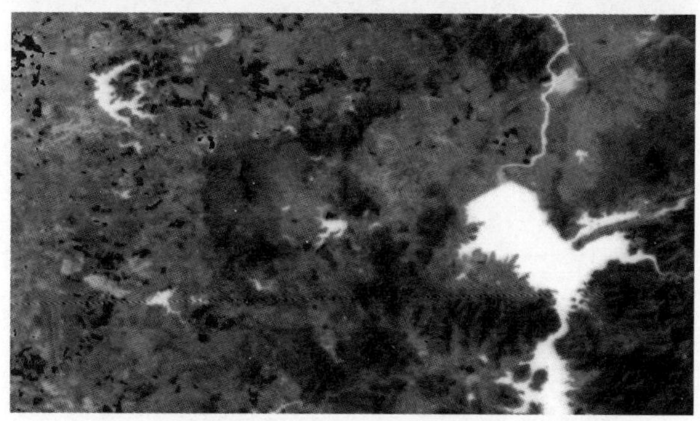

图 4-12　标准水体指数产品和待检验水体指数产品

对应到 GF-4 卫星波段：

$$NDWI = [p(3) - p(5)] / [p(3) + p(5)] \tag{4.2}$$

对应到 HJ 卫星波段：

$$NDWI = [p(2) - p(4)] / [p(2) + p(4)] \tag{4.3}$$

设置阈值为 0，数值大于 0 的为水体，小于或等于 0 的为非水体，作为待检验和标准的水体指数产品。

随机抽选 436 对像元值进行回归拟合计算，得到的拟合直线图如图 4-13 所示。图 4-14 检验报告结果显示，RMSE 约为 0.18，r 约为 0.83。

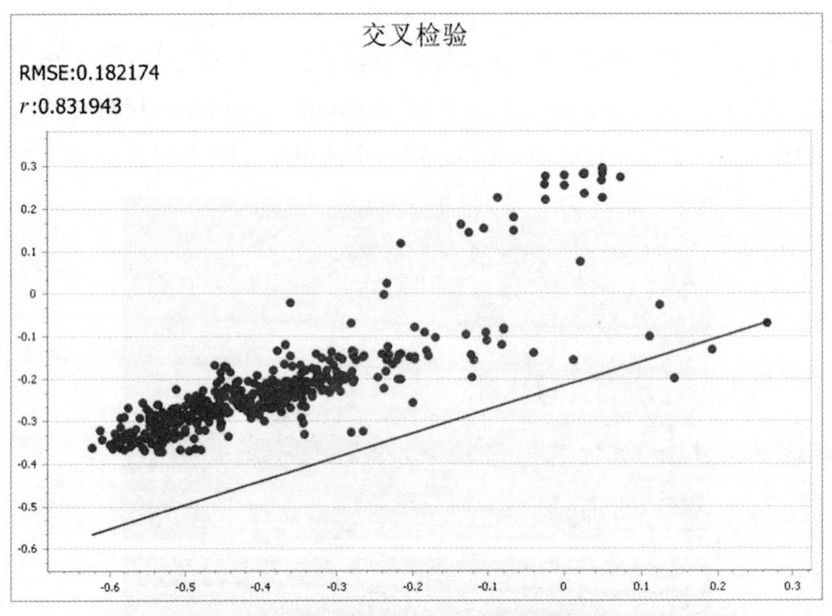

X 轴表示从 30m 升尺度到 50m 的 HJ 卫星影像水体指数产品值，
Y 轴表示待检验 GF-4 水体指数产品值

图 4-13　交叉检验模型拟合图

灾害遥感产品检验报告

——水体指数产品检验

民政部国家减灾中心　　编　　　　2017 年 05 月 20 日

摘要：

此次检验方法是基于平均距离抽样相关分析的多源数据交叉检验，检测结果中待检验水体指数与参考水体指数相关系数 $r=0.831943$，均方根误差 RMSE = 0.182174，精度评定结果为：低，详细报告如下：

一、　产品基本信息

待检验产品的数据来源为 GF-4 影像，影像过境时间为 2017/2/22 0:00:00。产品类型为水体指数产品（NDWI）。产品覆盖的经纬度范围为：108.66997°-109.09981°E，18.869739°-19.130010°N，空间分辨率为 50 m。

二、　产品检验方法

产品的检验方法为多源数据交叉检验。检验数据来源为 HJ 影像，数据采集时间为 2017/2/6 0:00:00。

三、　产品检验精度

对参考水体指数和待检验水体指数模型进行分析，模型的精度通过均方根误差 RMSE、预测值和实测值之间的相关系数 r。

$$\mathrm{RMSE}=\sqrt{\frac{\sum_{i=1}^{n}\left[E(y_i)-y_i\right]^2}{n}}$$

其中：$E(y_i)$表示第 i 个实际观测值；y_i 为第 i 个模型反演的预测值；n为观测样本总数。RMSE 常用以量化模型精度，而r可评估模型的精确性。RMSE 数值越低，回归模型越精确。相关系数r越接近于 1，模型精度越高。最终可得到待检验水体指数产品相对于参考水体指数产品的相对精度。

此次检验中，有效抽样点数目 N = 436、均方根误差 RMSE = 0.182174 、相关系数 $r=0.831943$

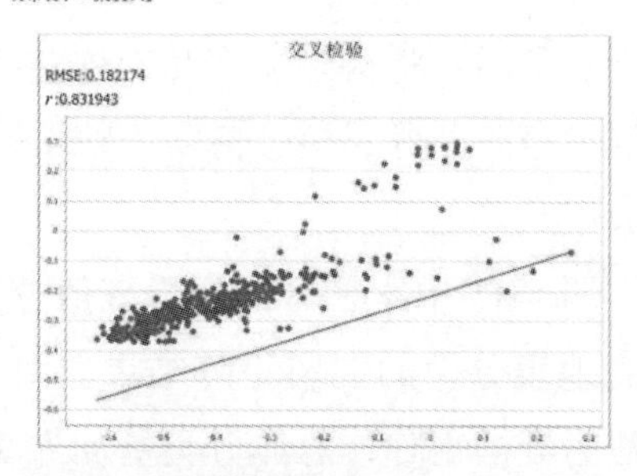

通过正负灰度值来代表水体指数精度的空间分布，输出参考水体指数与待检验水体指数的差值，从差值影像中可看到误差空间分布。

通过水体面积对比进行检验，其中待检验影像水体面积为 36512500 平方米，参考影像水体面积为 74572500 平方米。

模文件信息显示，交叉检验抽样数据（csv）输出路径为：

I:\disaster reduction\hainan\output crosscheck\stat cross validation.csv

误差空间分布影像（ENVI\IMG）输出路径为：

I:\disaster reduction\hainan\output crosscheck\result cross validation.img

四、产品检验结论

交叉检验的是已有精度得到认可的参考遥感产品，计算参考水体指数与待检验水体指数两者的相关系数（r）与均方差（RMSE），交叉检验中使用了平均距离抽样检验。本次检验有效抽样点数目为 N=436，超过 200，所以可认为其置信度大于 95%，均方根误差 RMSE = 0.182174 、相关系数 $r=0.831943$，精度评定结果为：低。

注：

精度评定的高低代表着检验值与参考值的接近程度，交叉检验精度评定参考：

高：相关系数 $r>0.9$，均方根误差 RMSE<0.0001

中：不满足精度评定为“高”且相关系数 $r>0.8$，均方根误差 RMSE<0.0002

低：其他

编制：　　　　　　　　审核：

图 4-14　基于多源数据交叉检验方法的输出报告示例（海南研究区）

4.3.2 基于地表分类数据的检验

本部分将已有的地表分类产品作为标准产品，通过一定的精度评价指标，对待检验产品进行精度评价。首先，对标准产品进行类别合并，获取标准三值数据（水体、非水体、背景）。其次，通过裁剪、投影转换、水体指数运算等获取待检验三值数据，然后对标准三值数据及待检验三值数据进行一致性转换，获取同投影、同分辨率、同空间范围、同背景区域的分类影像数据。最后，将待检验产品同样转换为分类数据，再通过建立两个分类数据的混淆矩阵，得到检验精度（Kappa 系数，用户精度，制图精度，漏分误差，错分误差等）。

图 4-15 中案例区的标准三值分类数据，通过对待检测的产品进行对比，得到地表分类的混淆矩阵结果。图 4-16 检验报告结果显示，分类数据检验算法为混淆矩阵，总体分类精度为 96.41%，精度评定结果为高。

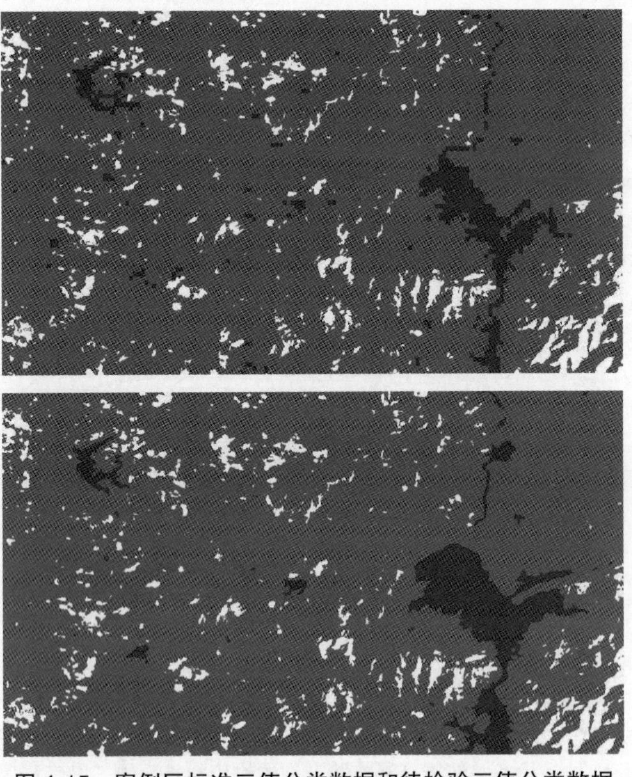

图 4-15　案例区标准三值分类数据和待检验三值分类数据

灾害遥感产品检验报告

——水体指数产品检验

民政部国家减灾中心　　编　　　　2017年05月31日

摘要：

此次检验方法是基于混淆矩阵的分类数据检验算法，检测结果精度为96.41%，精度评定结果为高，详细报告如下：

一、　产品基本信息

待检验产品的数据来源为GF-4影像，影像过境时间为2017/2/22 0:00:00。产品类型为水体指数产品（NDWI）。产品覆盖的经纬度范围为：108.66997°-109.10026°E，18.869767°-19.130038°N，空间分辨率为50 m。

二、　产品检验方法

产品的检验方法为分类数据检验。检验数据采集时间为2017/2/22 0:00:00。

三、　产品检验精度

(1) 混淆矩阵（Confusion Matrix）

主要用于比较水域分类结果和地表真实信息，可以把分类结果的精度显示在一个混淆矩阵里面。混淆矩阵是通过将每个地表真实像元的位置和分类与分类图像中的相应位置和分类像比较计算的。混淆矩阵的每一列代表了一个地表真实分类，每一列中的数值等于地表真实像元在分类图象中对应于相应类别的数量，像元数分布矩阵（matrix）如下：

混淆矩阵(待检验\参考)	未分类	背景	水体	陆面	总计
未分类	0	0	0	0	0
背景	0	32784	0	0	32784
水体	0	0	16275	13554	29829
陆面	0	0	5213	454284	459497
总计	0	32784	21488	467838	522110

(2) 总体分类精度（Overall Accuracy）

等于被正确分类的像元总和除以总像元数。被正确分类的像元数目沿着混淆矩阵的对角线分布，总像元数等于所有真实参考源的像元总数，本次检验中的总体分类精度（Overall Accuracy）=96.41%。

(3) Kappa系数（Kappa Coefficient）

它是通过把所有真实参考的像元总数（N）乘以混淆矩阵对角线（XKK）的和，再减去某一类中真实参考像元数与该类中被分类像元总数之积之后，再除以像元总数的平方减去某一类中真实参考像元总数与该类中被分类像元总数之积对所有类别求和的结果=82.48%

(4) 错分误差（Commission）

指被分为用户感兴趣的类，而实际属于另一类的像元，它显示在混淆矩阵里面，本次检验中，总共划分为水体有29829个像元，其中正确分类16275，13554个是其他类别错分为陆面，那么其错分误差为45.44%，详细参考下表。

(5) 漏分误差（Omission）

指本身属于地表真实分类，当没有被分类器分到相应类别中的像元数。在本次检验中的水体，有真实参考像元21488个，其中16275个正确分类，其余5213个被错分为其余类，漏分误差24.26%。

(6) 制图精度（Prod.Acc）

是指分类器将整个影像的像元正确分为A类的像元数（对角线值）与A类真实参考总数（混淆矩阵中A类列的总和）的比率。在本次检验中水体有21488个真实参考像元，其中16275个正确分类，因此林地的制图精度是75.74%。

(7) 用户精度（User.Acc）

是指正确分到A类的像元总数（对角线值）与分类器将整个影像的像元分为A类的像元总数（混淆矩阵中A类行的总和）比率。如本例中水体有16275个正确分类，总共划分为林地的有29829，所以林地的用户精度是54.56%。

所有误差的分布矩阵为如下：

分类	错分误差（Commission）	漏分误差（Omission）	制图精度（Prod.Acc）	用户精度（User.Acc）
未分类	0	0	0	0
背景	0	0	1	1
水体	0.45	0.24	0.76	0.55
陆面	0.01	0.03	0.97	0.97

通过水体面积对比进行检验，其中待检验影像水体面积为74572500平方米，参考影像水体面积为53720000平方米，正确分类的水体面积为40687500平方米。

四、　产品检验结论

由于此基于分类数据的混淆矩阵算法没有抽样过程，所以其置信度为100%，总体分类精度为96.41%，精度评定结果为高。

注：

精度评定的高低代表着检验值与参考值的接近程度，分类检验精度评定参考如下：

高：精度>90%

中：90%>精度>70%

低：精度<70%

编辑：　　　　　　　　签发：

图4-16　基于地表分类数据方法的输出报告示例（海南研究区）

4.3.3 基于高分辨率数据的检验

本部分借助水面实地采样试验和 HJ 卫星遥感数据，实现对 GF-4 卫星数据产品的检验，待检验的遥感影像数据为 GF-4 卫星 50m 空间分辨率数据 GF4_PMI_E110.0_N19.0_20170222_L1A0000156026，考虑到实际采样点是在点尺度上的，而高分数据是在 50m 空间分辨率像元尺度上的，两者的差别较大，因此引入与高分数据时间相近的中间转换尺度数据——HJ 卫星 30m 空间分辨率数据 HJ1A-CCD2-4-96-20170206-L20003062636，先用实地采样点验证 30m 空间分辨率产品，得出 30m 空间分辨率产品的精度，然后将其升尺度到 50m 空间分辨率，用来检验 GF-4 卫星 50m 空间分辨率水体指数品，从而可以更好地评价 GF-4 水体指数产品的精度。

在对两幅影像进行几何校正后，通过 NDWI 提取影像水体指数，然后通过阈值分割获取 30m 空间分辨率标准水体指数产品和 50m 空间分辨率待检验水体指数产品。实地采样实验共得到水体样点 64 个，非水体样点 95 个，水面和陆面采样间隔大致固定。在第一个检验阶段中，利用实地采样数据检验 30m 空间分辨率水体指数产品，总体正确率为 57.23%。在第二个检验阶段中，采用验证过的 30m 空间分辨率水体指数产品检验 50m 空间分辨率 GF-4 水体指数产品，先通过重采样的方式将 30m 空间分辨率水体指数产品升尺度到 50m 空间分辨率，然后随机抽选 374 对像元值进行回归拟合计算，得到的拟合直线图如图 4-17 所示。

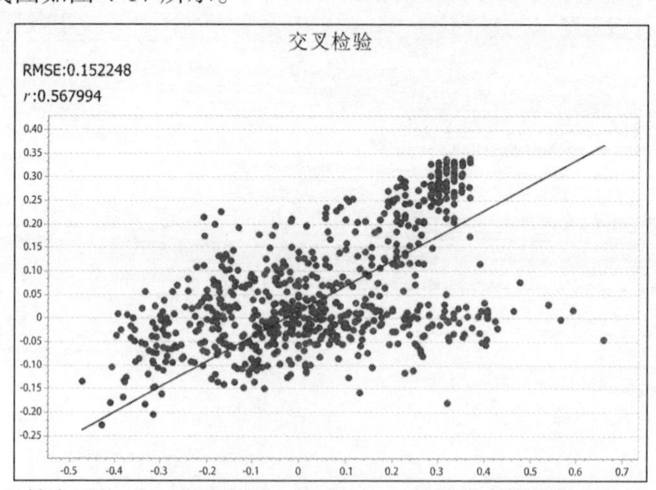

X 轴表示从 30m 升尺度到 50m 的 HJ 卫星影像水体指数产品值，
Y 轴表示待检验 GF-4 水体指数产品值

图 4-17 高分辨率水体指数产品与待检验水体指数产品回归拟合图

检验报告结果显示（图 4-18），RMSE 约为 0.15，r 约为 0.57，总体看来拟合效果一般，说明在检验数据或方法方面可能存在较大的不确定性。

灾害遥感产品检验报告

——水体指数产品检验

民政部国家减灾中心　编　　　　2017 年 06 月 30 日

摘要：

此次检验方法是高分检验，高分检验分为两个部分：高分与实测数据检验；基于平均距离抽样相关分析的高分与低分交叉检验。检测结果的中高分与低分交叉检验相关系数 r = 0.567994，高分与低分交叉检验均方根误差 RMSE = 0.152248，高分与实测精度为 57.23%，精度评定结果为：低，详细报告如下：

一、　产品基本信息

为了能较好地验证中低分辨率遥感产品，引入高分辨率遥感数据作为桥梁，由地面观测数据验证高分辨率遥感产品，进而由高分辨率遥感产品验证低分辨率遥感产品是目前遥感产品真实性检验的一种主流方法，即多尺度逐级验证。

高分与低分交叉检验：采用交叉验证，交叉检验的前提是已有同类且精度得到认可的遥感产品（相同时间、地理位置、统一到相同空间分辨率和波段的参考产品），计算标准水体指数与待检验水体指数两者的相关系数（r）与均方差（RMSE）。

高分与实测检验：通过有规律的采样方案，获取有明确地理坐标的水体及其它地物的采样点，然后将这些实地采样点视作真值样本。

待检验产品的数据来源为 GF-4 影像，影像过境时间为 2017/2/22 0:00:00。产品类型为水体指数产品（NDWI）。产品覆盖的经纬度范围为：109.48996°-109.52005°E，18.230053°-18.260010°N，空间分辨率为 50 m。

二、　产品检验方法

产品的检验方法为高分检验，检验过程中需要用到两种检验数据，其中，高分参考水体指数产品的数据来源为 HJ 影像，影像过境时间为 2017/2/6 0:00:00，空间分辨率为 30 m。地面实测数据的采集区域为海南三亚，采集时间为 2017/4/2 0:00:00，采集点共 159 个。

三、　产品检验精度

（1）高分与低分交叉检验精度

对参考水体指数和待验证水体指数模型进行分析，模型的精度通过均方根误差 RMSE、预测值和实测值之间的相关系数 r。

$$\mathrm{RMSE}=\sqrt{\frac{\sum_{i=1}^{n}\left[E(y_i)-y_i\right]^2}{n}}$$

其中：$E(y_i)$ 表示第 i 个实际观测值；y_i 为第 i 个模型反演的预测值；n 为观测样本总数。RMSE 常用以量化模型精度，而 r 可评估模型的精确性。RMSE 数值越低，则回归模型越精确。相关系数 r 越接近于 1，模型精度越高。最终可得到待检验水体指数产品相对于参考水体指数产品的相对精度。

此次检验中，有效抽样点数为 159，均方根误差 RMSE　0.152248、相关系数 r = 0.567994。

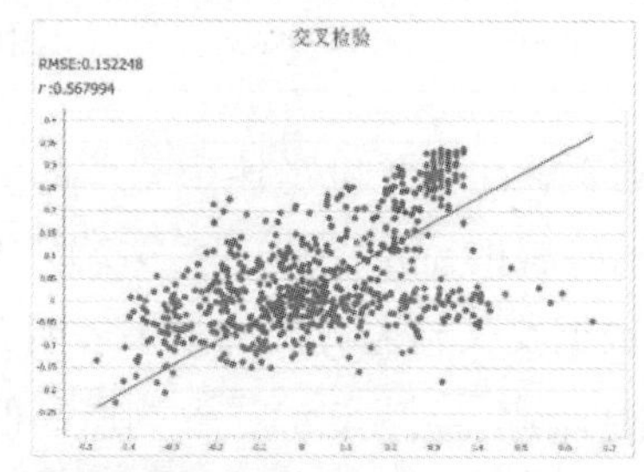

通过正负灰度值来代表水体指数精度的空间分布，输出参考水体指数与待检验水体指数的差值，从差值影像中可看到误差空间分布。

（2）高分与实测检验精度

检验数据中，有效检验点个数为 159，其中正确分类点个数为 91，产品检验精度（分类正确点个数/采集点个数）为 57.23%。

（3）水体面积检验

通过水体面积对比进行检验，其中待检验影像水体面积为 5557500 平方米，参考影像水体面积为 4447500 平方米。

提交件信息显示，交叉检验抽样数据（csv）输出路径为

H:\disaster reduction\hainan\output_highresolutioncheck\stat_cross_validation.csv；

误差空间分布影像（ENVI/IMG）输出路径为

H:\disaster reduction\hainan\output_highresolutioncheck\result_cross_validation.img；

验证源数据（CSV）输出路径为

H:\disaster reduction\hainan\output_highresolutioncheck\real_check.csv。

四、　产品检验结论

高分与低分交叉检验中使用了平均距离抽样检验，本次检验有效抽样点数目为 159，超过 200，所以置信度大于 95%。总体精度均方根误差 RMSE = 0.152248、相关系数 r = 0.567994。

高分实测检验中实测点来源于陆面与水面交界区域的点，具有较强的代表性，本次检验有效抽样点数目为 159，超过 200，其置信度大于 95%，正确分类点个数为 91，精度为 57.23%。

精度评定结果为：低。

注：

精度评定的高低代表着检验值与参考值的接近程度，高分检验参考：

高：高分与低分相关系数 r>0.9；高分与低分均方根误差 RMSE<0.0001；高分实测精度>90%

中：除过精度评定"高"以外，高分与低分相关系数 r>0.8；高分与低分均方根误差 RMSE<0.0002；高分实测精度>70%

低：其他

编辑：　　　　签发：

图 4-18　基于高分辨率数据检验方法的输出报告示例（海南研究区）

4.4 案例区水体指数产品真实性检验的不同检验方法的对比分析

本章采用地面多点采样、高分辨率数据检验两种方法对黑龙江水体指数产品进行检验，采用RMSE、r值、误差矩阵等表示检验的定量结果（表4-1）。从结果中可以发现，不同的方法所得到的定量结果是不同的。基于地面多点采样的检验方法，采用准确率的定量表达方式，在本案例中，待验证产品的准确率略高于基于高分辨率数据检验方法的结果，综合产品可靠性为高。基于高分辨率数据的检验方法，很容易受到影像配准的影响；在本案例的定量结果中，高分辨率产品和待验证产品间的RMSE值较低，r值较高，综合评判产品的可靠性为中等。

表4-1　两种真实性检验方法的定量结果和定性结论（黑龙江案例区）

检验方法	定量结果			定性结论
	RMSE	r	准确率	可靠性
基于地面多点采样的检验	—	—	95.30%	高
基于高分辨率数据的检验	0.08	0.69	93.70%	中

类似地，采用了典型的三种方法对海南省三亚市水体指数产品进行检验，通过RMSE、r值、误差矩阵等表示检验的定量结果（表4-2）。不同的方法所得到的定量结果不同。基于多源数据交叉检验方法的结果表明，标准指数产品和待验证产品的误差低，一致性较高，r为0.83，评判产品的可靠

表4-2　三种真实性检验方法的定量结果和定性结论（海南案例区）

检验方法	定量结果			定性结论
	RMSE	r	准确率	可靠性
基于多源数据交叉的检验	0.18	0.83	—	中
基于地表分类数据的检验	—	—	96.41%	高
基于高分辨率数据的检验	0.15	0.57	57.23%	低

性为中等。基于地表分类数据的方法，采用准确率的定量表达方式，准确率为 96.41%，评判产品的可靠性为高。基于高分辨率检验方法，很容易受到影像选择的影响，且在海南案例区水体指数产品的定量结果中，RMSE 较低，*r* 值较低，评判产品的可靠性为低。

从案例结果可以看到，不同方法给出的定量结果不同，甚至产品可靠性的评判方法也不同。在进行真实性检验时，选择合适的方法和表达结果的形式尤为重要。在本书中设计的真实性检验软件的产品检验报告图中可以看到，报告从 4 个方面全面展示了真实性检验的验证数据、检验方法、定量结果和定性分析，正好满足了各类产品使用者的需求。产品使用者可通过多种方法的实施过程和定量、定性结果综合把握产品的可靠性。具体而言，专业的遥感领域研究者和多学科交叉的对地观测研究者可从报告中获得详细的检验信息，如具体方法、定量数值等；而决策者可直接通过产品的定性评价，把握产品的可靠性，从而进行合理决策。

4.5　本章小结

本章在介绍洪涝灾害遥感监测业务流程的基础上，阐述了水体指数产品真实性检验在洪涝灾害遥感监测业务中的作用，并以两个案例区为例应用基于地面多点采样、多源数据交叉、地表分类数据和高分辨率数据的检验方法，对水体指数产品进行真实性检验。业务案例实践是“方法集成”思路的体现，它不仅从流程上检验了软件的具体操作方法，而且通过呈现不同方法对该产品真实性检验产生的不同结果，以期促进用户在真实性检验方法的选择上的理性思考。仅用一种方法对遥感应用产品进行检验，是有失偏颇的，综合地看各种方法的结果，是对产品真实性检验的全面理解；同时，虽然不同方法的定量结果不同，但是对产品“可靠性”的定性结果是相同的，这也是用户尤其是决策者最为关心的内容。

第五章　结论与展望

5.1　结论

遥感作为一种能在短时间内获取大范围数据的技术，在资源、环境、农业、减灾等领域中应用广泛，并衍生了一系列遥感应用产品。但由于遥感数据及产品的获取过程复杂，其真实性受到传感器性能、大气状况、地物特征等多种因素的影响，遥感产品存在较大不确定性。本书在前人研究的基础上，对遥感真实性检验技术及灾害遥感应用产品的真实性检验进行回顾，定性地从产品分级的角度总结数据产品、信息产品和专题产品的真实性检验研究，定量地利用文献荟萃分析方法，梳理近年来真实性检验研究进展和趋势。文献荟萃分析结果显示：真实性检验结果的表达方式正在变化，验证产品总数增加且种类趋于多样化，主导单位由国家机构向研究机构转移，真实性检验工作可很好地促进遥感产品的应用。因此，有必要建立全面完整的真实性检验机制，并对面向用户应用的遥感产品进行真实性检验，这也是遥感应用产品在各领域广泛应用的重要条件之一。

本书从真实性检验的内涵入手，研究了真实性检验的对象主体、结果表达和评判标准，得出了基于不同处理程度的遥感应用的分级产品决定了真实性检验的对象主体，而时空精度和抽样的科学化决定了真实性检验的结果表达，用户需求作为评判标准来衡量真实性检验结果的依据。面向用户的真实性检验技术承担起了连接遥感产品与用户的桥梁的作用，连接各级产品和用户，连接各交叉学科。在这个过程中，定量评价产品准确性结果是业务层面的主要内容；而在面向最终用户的应用层面，评价产品可靠性是重点，是针对定量结果的定性评价。由此，面向用户的遥感产品真实性检验是对产品结果进行再一次的评价分析，综合评价遥感产品的真实性，解决了产品供给和决策需求之间的矛盾，从而使遥感应用产品更好地满足业务需求并服务于决策。

在灾害遥感监测评估业务中，灾害监测作为业务流程中的第一步，其表达结果对后续灾害风险及损失评估等工作具有较大影响，这也对灾害监测过程中生产的灾害遥感产品的质量提出了较高的要求。对灾害遥感产品进行真实性检验，其检验结果能更明确地引导决策方向，满足决策需求，从而促进监测评估业务后续工作的顺利开展。基于以上理论认识，本书结合业务需求，开发了面向减灾应用的水体指数遥感产品真实性检验软件，阐述了设计结构和功能，集成多种真实性检验方法，设计面向多层级用户的结果输出报告；同时分别选取了分布于中国不同纬度地带的沿江或沿海城市作为案例区，对案例区的水体指数产品进行基于多种方法的真实性检验，结合真实性检验的准确性定量结果和产品可靠性定性结论分析比较了不同的检验方法应用情况，进而为其他从事遥感产品真实性检验的学者和业务人员提供借鉴。

5.2 研究展望

目前，针对灾害遥感产品，尤其是加入更多主观处理的专题产品，尚未具备完整的真实性检验。主要存在两方面原因：一方面，难以在短时间内获取地面实测数据，且地面采样数据库不完善，这阻碍了地面采样数据在灾害遥感产品检验过程中的应用；另一方面，已知精度的高分辨率遥感产品数据集尚未很好地建立，而其数据集的建立能够有效弥补灾害遥感产品在突发性灾害中的应用，通过产品间的相对检验解决有检和无检的问题，提高业务产品的应用效果。此外，灾害遥感产品的真实性检验应当不局限于定量的准确性评估，区别于其他遥感应用产品，灾害遥感产品兼具时效性强、主观性高的特点，不考虑用户具体需求的真实性检验难以深化的，且难以满足当前的业务现状。基于以上因素，今后灾害遥感产品在监测评估业务中的检验和应用还有以下三个方面需要加强。

第一，建立业务产品相关部门的数据获取与共享服务机制，实现对灾害遥感产品全方位、多角度的检验，能在最短时间实现对地面实测数据、既有高分辨率数据、地面分类数据和历史同期多年数据等的综合利用，给出灾害遥感产品的真实性检验精度，从而能更好地将遥感技术用于灾害监测、灾害风险与损失预评估、灾害评估、恢复重建监测等实际业务工作中，辅助决策过程。

第二，建立灾害遥感产品分类分级标准和面向减灾用户应用的灾害遥感产品真实性检验方法标准体系，实现灾害遥感产品及其真实性检验方法的体系化、标准化，提升产品的业务适用性、决策支撑实用性、用户实际应用性。

第三，加大推动业务部门和决策用户有效沟通的力度，真正实现真实性检验的桥梁作用，使得业务服务于决策，从用户需求的方面根本驱动实际业务的进展。

附　录

附录 1　软件各模块操作流程

1. 实地采集模块操作流程

利用 GPS 进行试验点定位，既要考虑与卫星的过境时间相一致，还要考虑客观采集难度（采点路线等），最后，将实地调查的样本点进行数字化，形成样本分布图。水体地面数据采集的采集子区采样方法有两种：两点采样和多点随机采样。地面实测采集方案模块主要根据水域范围来设计，尽量能让采集的样本点代表全面的水域信息。

（1）第一次裁剪

第一次裁剪的目的是让后面的运算能够更加快速地进行，也能够有效地防止大影像内存溢出，由于投影转换带来的范围变化，第一次裁剪的范围应该大于研究区域范围。

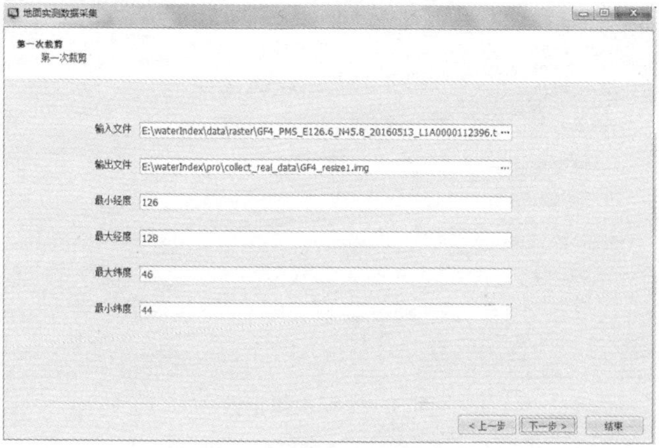

图 1　影像第一次裁剪

（2）投影转换

投影转换的目的是统一全局标准，并且能够很好地计算面积。

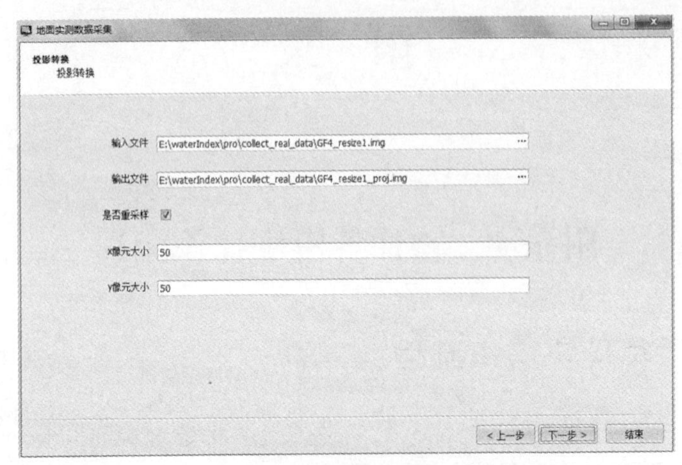

图 2　影像投影转换

（3）计算水体指数

计算水体指数中，需要多波段影像波段号从 0 开始，背景值为输入数据的背景值，分别设置两个波段像元为云的参数阈值，超过阈值的像元设为背景值。

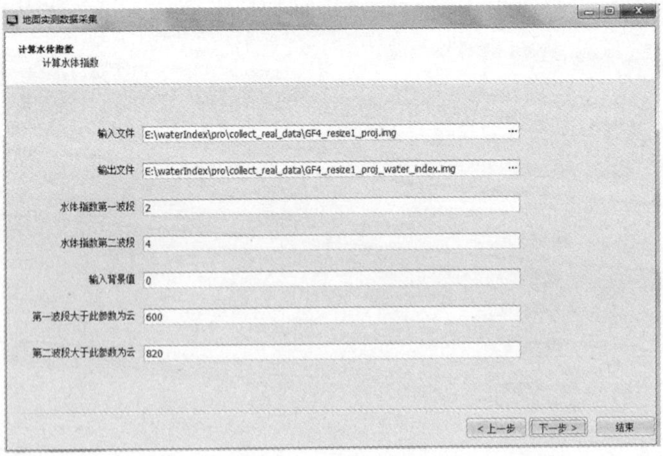

图 3　计算水体指数

(4)第二次裁剪

第二次裁剪的目的是把研究区域提取出来，提取出的影像以包含研究区域的最小矩形为最佳。

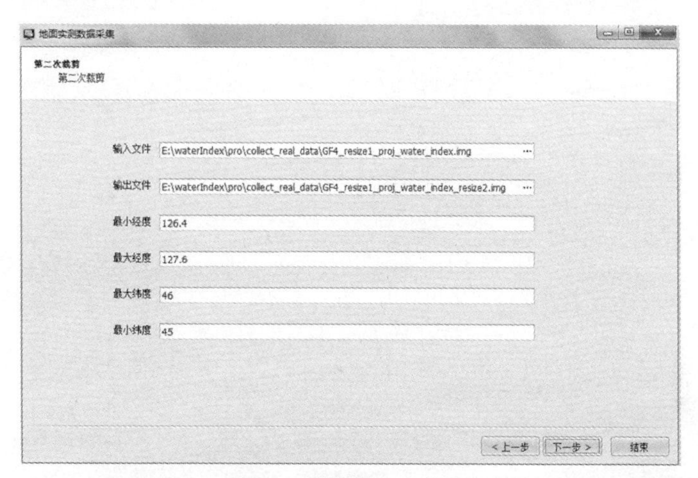

图 4　影像第二次裁剪

(5)阈值计算三值

阈值计算三值的算法为水体指数背景值为 -1 时变为三值影像背景值 0，水体指数大于 -1 小于 0 时为陆面变为三值影像中的 2，水体指数大于 0 小于 1 时为水面变为三值影像中的 1。

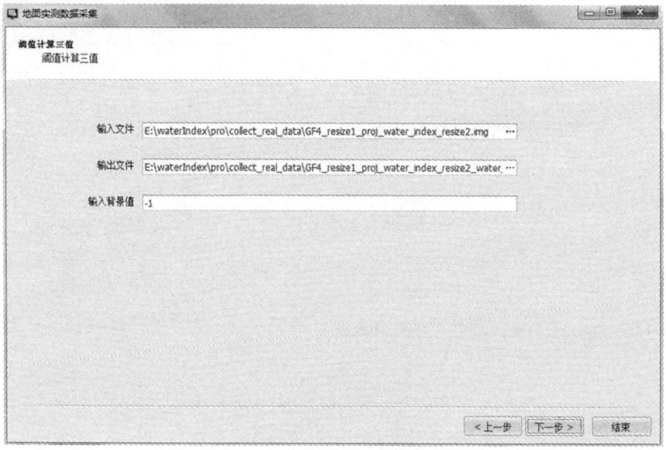

图 5　计算三值影像

（6）阈值分类

阈值分类把三值影像转换为分类影像，把背景渲染成白色，把水体渲染成蓝色，把路面渲染成土黄色，生成的分类影像以便于进行建议采集点的抽取。

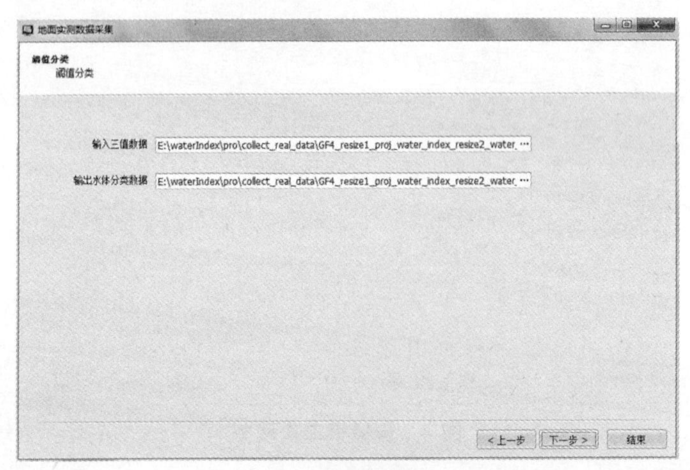

图 6　阈值分类

（7）边缘检测

通过 CANNY 算法进行边缘检测，以便于抽取建议采集点。

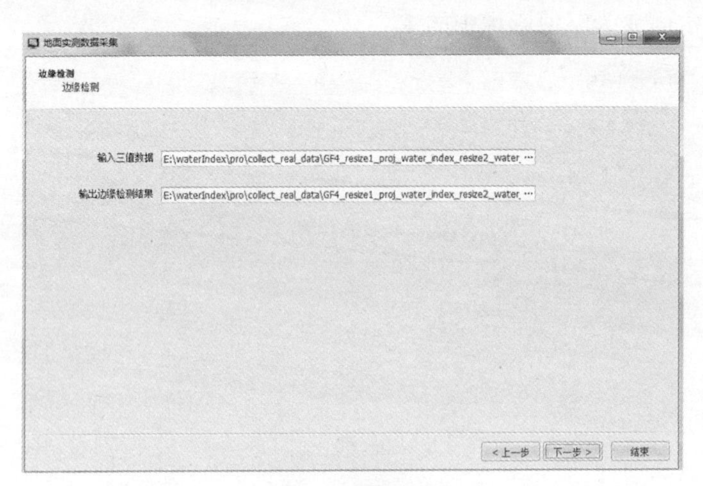

图 7　边缘检测

（8）建议采集点成果输出

建议采集点数据是通过建议采集影像抽样输出的，建议采集点个数可以由用户自由输入。

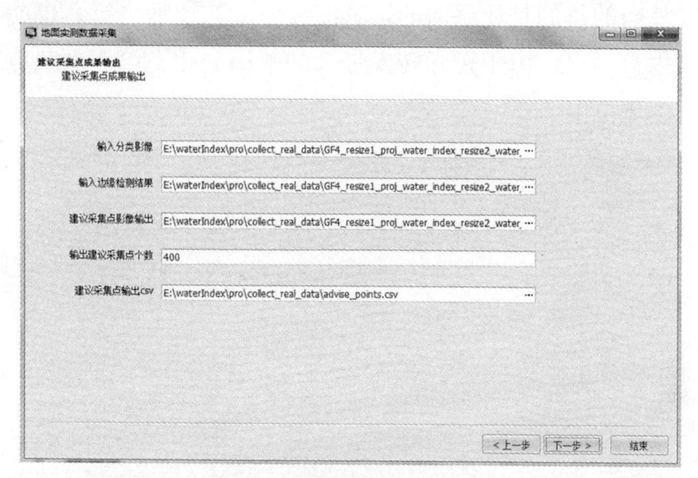

图 8　建议采集点成果输出

（9）输出实测数据检验报告（Word 文件）

通过导出的 Word 文档，可以进行实测采集工作。

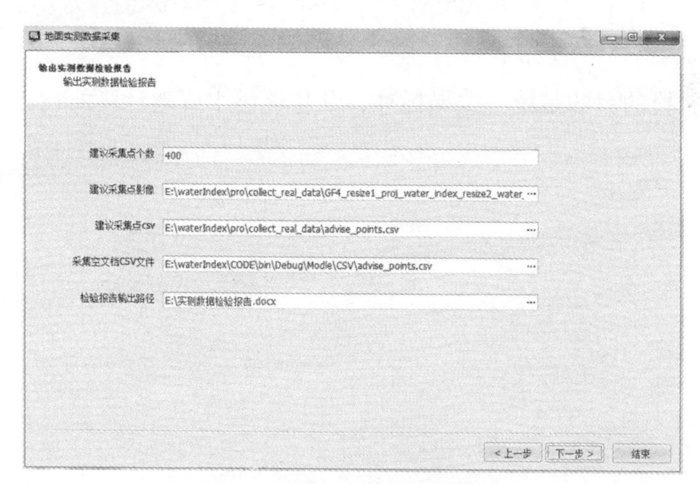

图 9　输出实测数据检验报告

2. 分类数据检验模块操作流程

（1）第一次裁剪

第一次裁剪的目的是让后面的运算能够更加快速地进行，也能够有效地防止大影像内存溢出，由于投影转换带来的范围变化，第一次裁剪的范围应该大于研究区域范围。

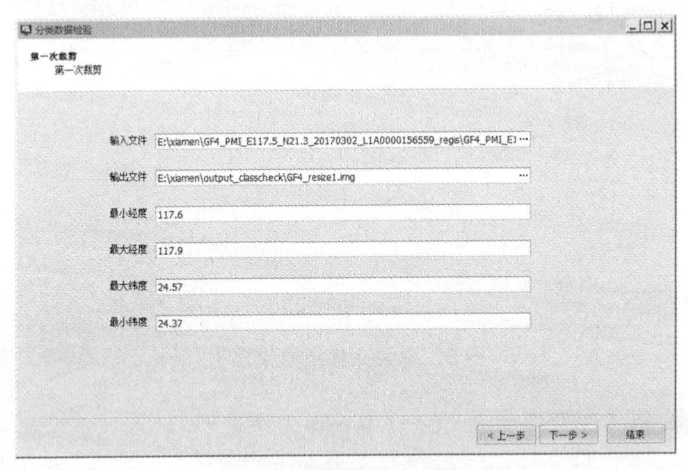

图 10　影像第一次裁剪

（2）投影转换

投影转换的目的是统一全局标准，并且能够很好地计算面积。

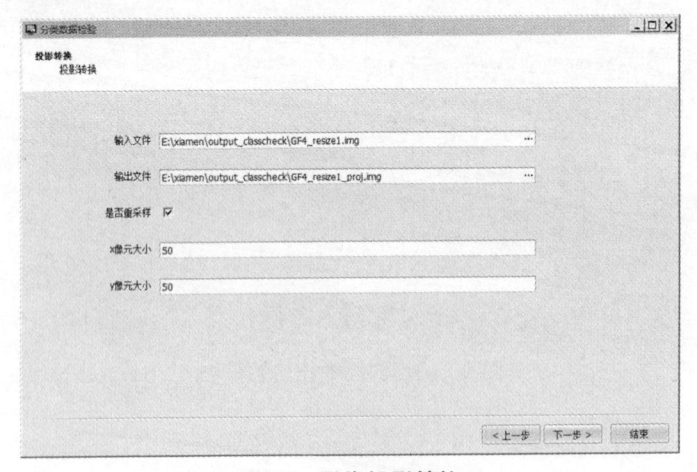

图 11　影像投影转换

（3）计算水体指数

计算水体指数中，需要多波段影像波段号从0开始，背景值为输入数据的背景值，分别设置两个波段像元为云的参数阈值，超过阈值的像元设为背景值。

图12 计算水体指数

（4）第二次裁剪

第二次裁剪的目的是把研究区域提取出来，提取出的影像以包含研究区域的最小矩形为最佳。

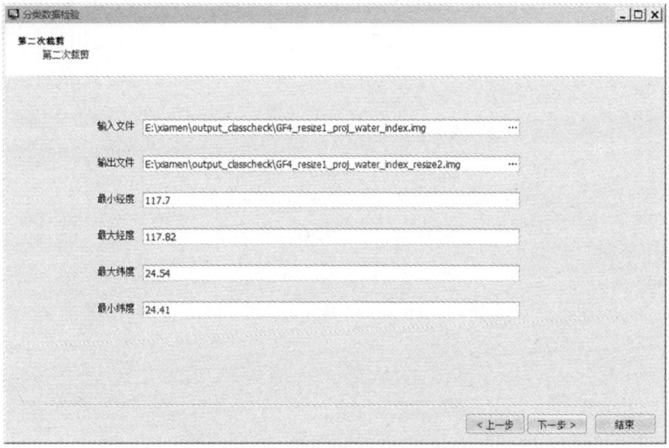

图13 影像第二次裁剪

（5）阈值计算三值

阈值计算三值的算法为水体指数背景值为 -1 时变为三值影像背景值 0，水体指数大于 -1 小于 0 时为陆面变为三值影像中的 2，水体指数大于 0 小于 1 时为水面变为三值影像中的 1。

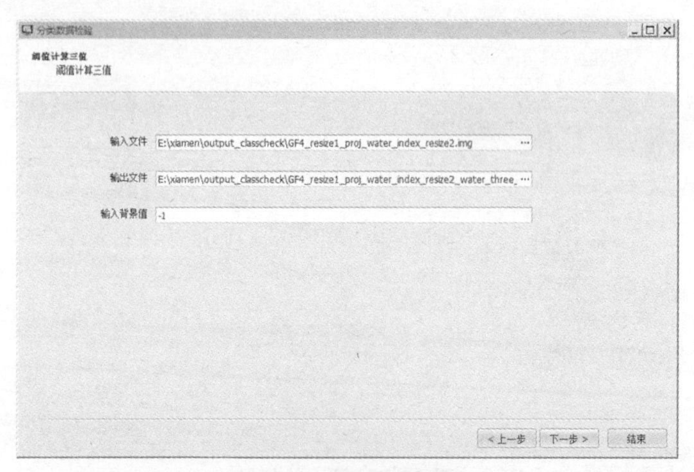

图 14　计算三值影像

（6）相交一致性转换

相交一致性转换是把影像转换为同投影、同分辨率、同空间范围、同背景区域的分类数据，以便于计算混淆矩阵。

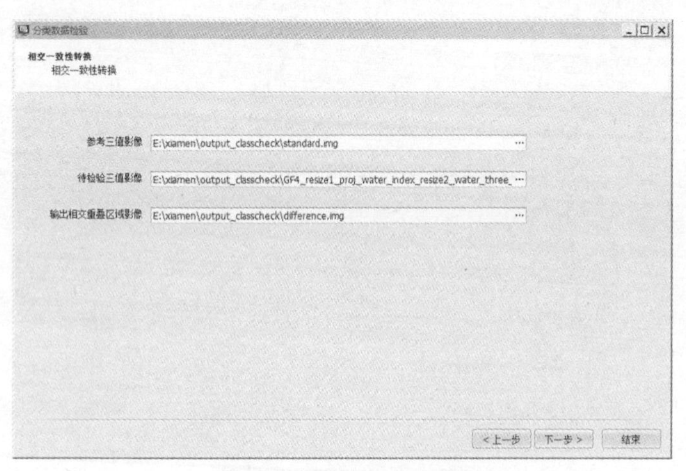

图 15　相交一致性转换

（7）阈值分类运算

阈值分类运算把三值影像转换为分类影像，为计算混淆矩阵做基础。

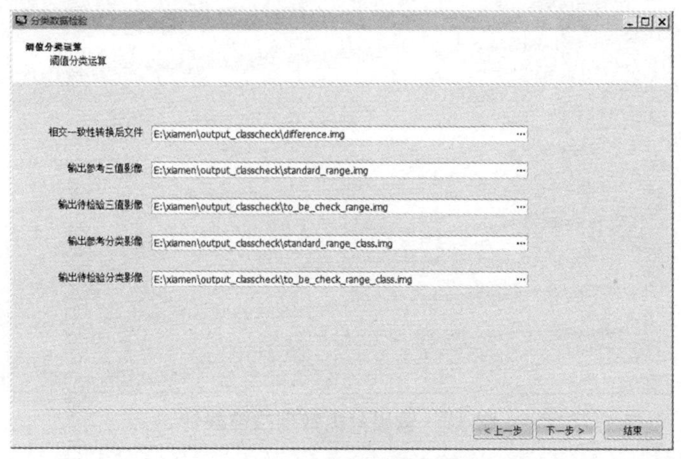

图 16　阈值分类运算

（8）计算混淆矩阵

计算出混淆矩阵后，把计算结果输出。

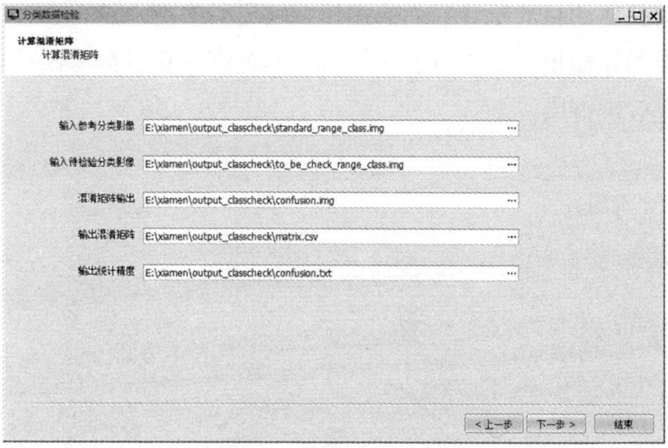

图 17　计算混淆矩阵

（9）输出分类数据检验报告（Word 文件）

图 18　输出分类数据检验报告

3. 实测数据检验模块操作流程

（1）第一次裁剪

第一次裁剪的目的是让后面的运算能够更加快速地进行，也能够有效地防止大影像内存溢出，由于投影转换带来的范围变化，第一次裁剪的范围应该大于研究区域范围。

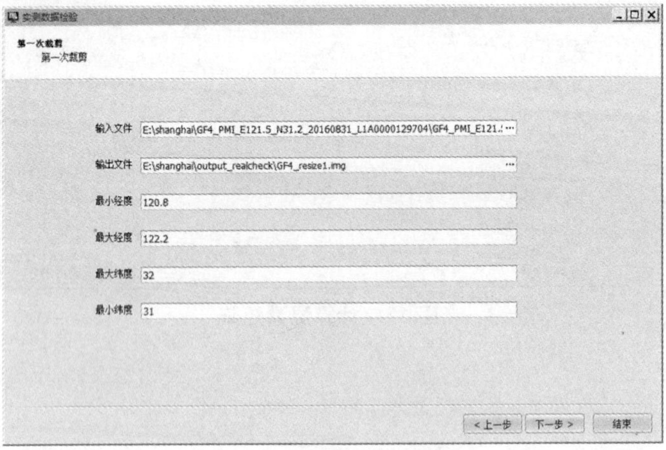

图 19　影像第一次裁剪

（2）投影转换

投影转换的目的是统一全局标准，并且能够很好地计算面积。

图 20 影像投影转换

（3）计算水体指数

计算水体指数中，需要多波段影像波段号从 0 开始，背景值为输入数据的背景值，分别设置两个波段像元为云的参数阈值，超过阈值的像元设为背景值。

图 21 计算水体指数

（4）第二次裁剪

第二次裁剪的目的是把研究区域提取出来，提取的影像以包含研究区域的最小矩形为最佳。

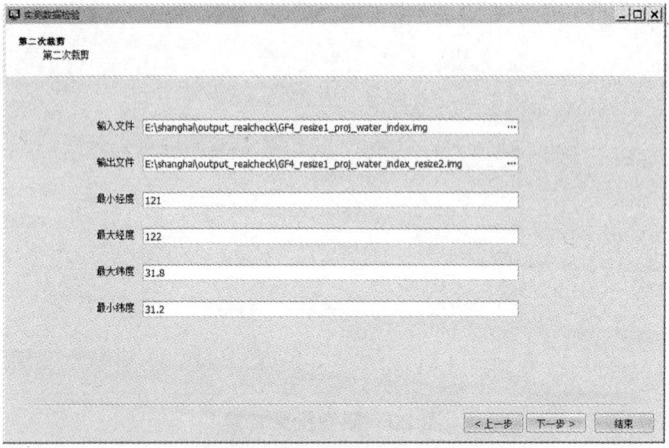

图 22　影像第二次裁剪

（5）阈值计算三值

阈值计算三值的算法为水体指数背景值为 -1 时变为三值影像背景值 0，水体指数大于 -1 小于 0 时为陆面变为三值影像中的 2，水体指数大于 0 小于 1 时为水面变为三值影像中的 1。

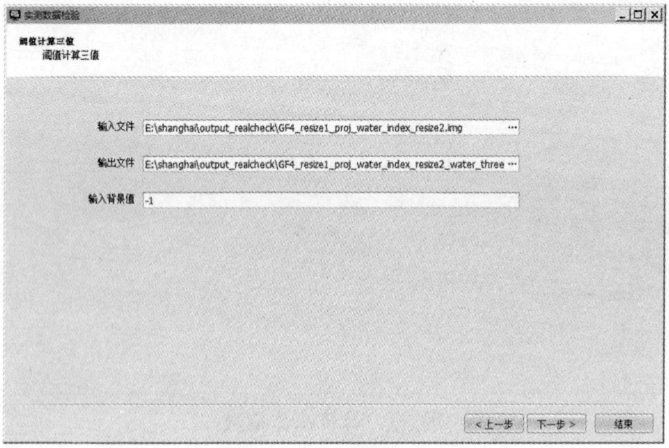

图 23　阈值计算三值

（6）实测数据检验

根据输入的三值影像和实测数据可以抽取出对应的实测与待检验的三值影像点，并输出统计精度。

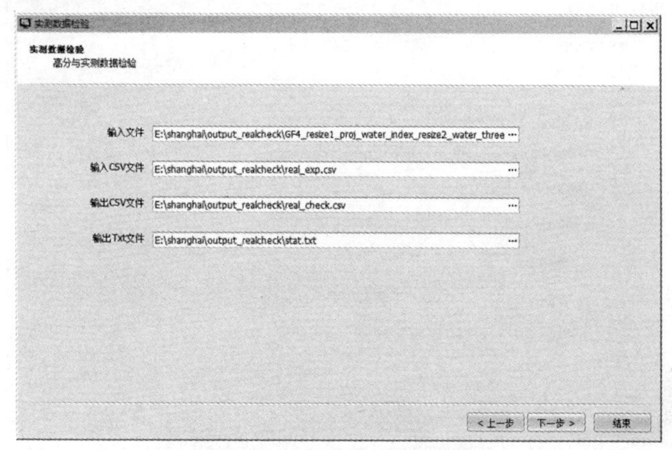

图 24 高分与实测数据检验

4. 交叉检验模块操作流程

（1）标准影像第一次裁剪

标准影像第一次裁剪的目的是让后面的运算能够更加快速地进行，也能够有效地防止大影像内存溢出，由于投影转换带来的范围变化，标准影像第一次裁剪的范围应该大于研究区域范围。

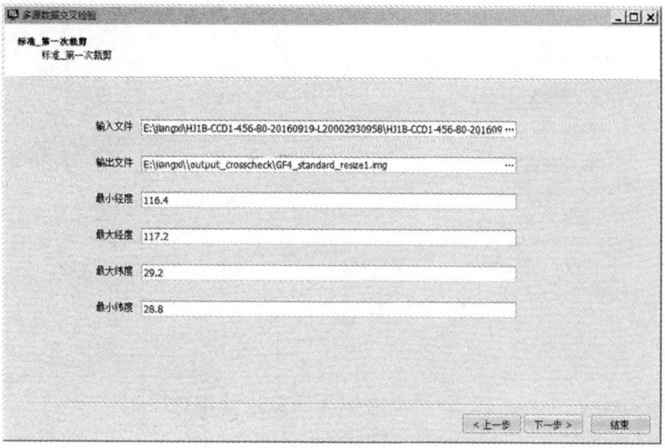

图 25 标准影像第一次裁剪

（2）标准影像投影转换

标准影像投影转换的目的是统一全局标准，并且能够很好地计算面积。

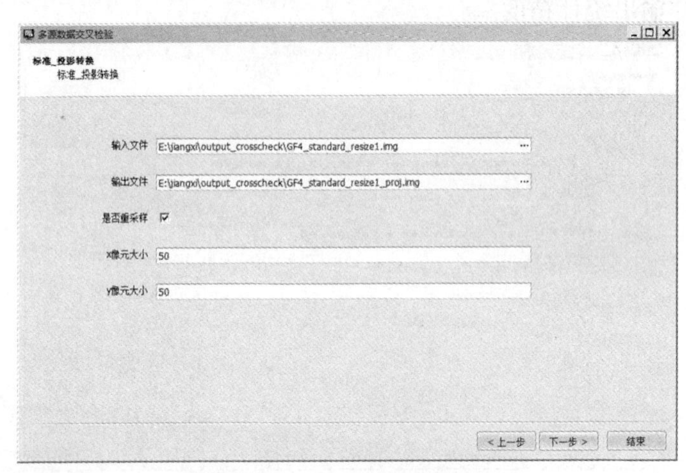

图 26　标准影像投影转换

（3）标准影像计算水体指数

标准影像计算水体指数中，需要多波段影像波段号从 0 开始，背景值为输入数据的背景值，分别设置两个波段像元为云的参数阈值，超过阈值的像元设为背景值。

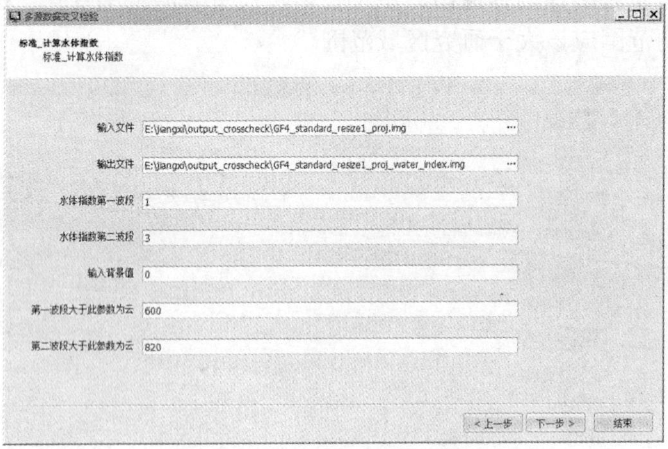

多源数据交叉检验
标准_计算水体指数
标准_计算水体指数
输入文件 E:\jiangxi\output_crosscheck\GF4_standard_resize1_proj.img
输出文件 E:\jiangxi\output_crosscheck\GF4_standard_resize1_proj_water_index.img
水体指数第一波段 1
水体指数第二波段 3
输入背景值 0
第一波段大于此参数为云 600
第二波段大于此参数为云 820
<上一步　下一步>　结束

图 27　标准影像计算水体指数

（4）标准影像第二次裁剪

标准影像第二次裁剪的目的是把研究区域提取出来，提取出的影像以包含研究区域的最小矩形为最佳。

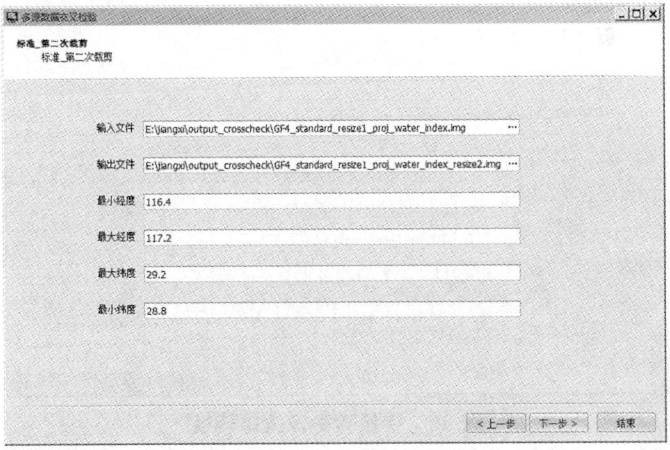

图 28　标准影像第二次裁剪

（5）待检验影像第一次裁剪

待检验影像第一次裁剪的目的是让后面的运算能够更加快速地进行，也能够有效地防止大影像内存溢出，由于投影转换带来的范围变化，第一次裁剪的范围应该大于研究区域范围。

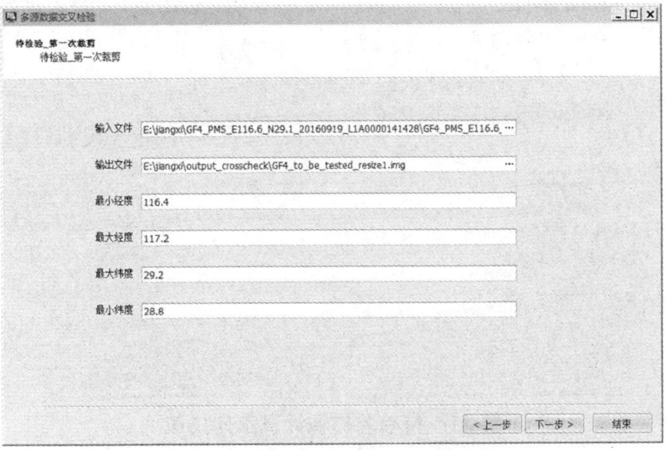

图 29　待检验影像第一次裁剪

（6）待检验影像投影转换

待检验影像投影转换的目的是统一全局标准，并且能够很好地计算面积。

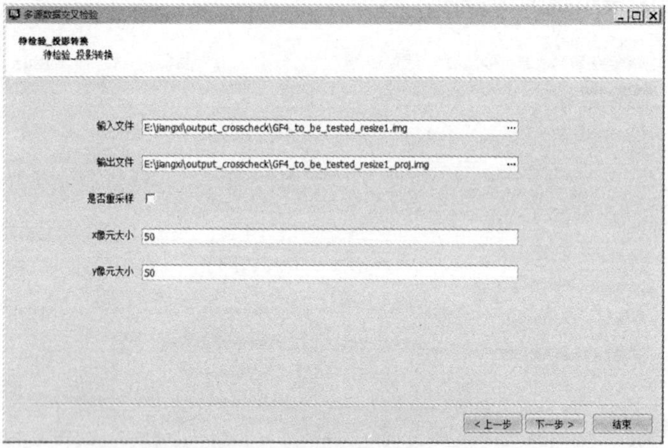

图 30　待检验影像投影转换

（7）待检验影像计算水体指数

待检验影像计算水体指数中，需要多波段影像波段号从 0 开始，背景值为输入数据的背景值，分别设置两个波段像元为云的参数阈值，超过阈值的像元设为背景值。

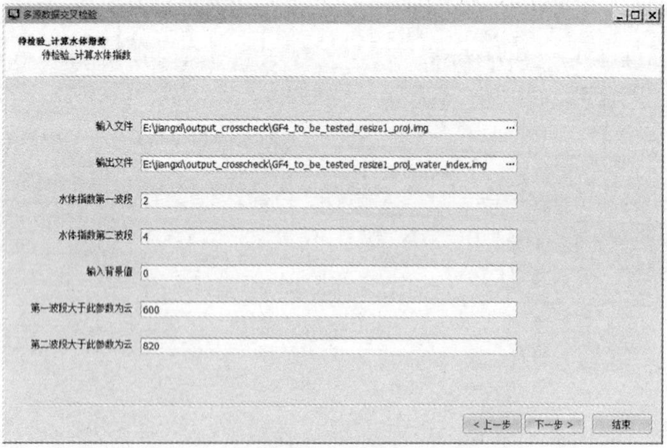

图 31　待检验影像计算水体指数

（8）待检验影像第二次裁剪

待检验影像第二次裁剪的目的是把研究区域提取出来，提取出的影像以包含研究区域的最小矩形为最佳。

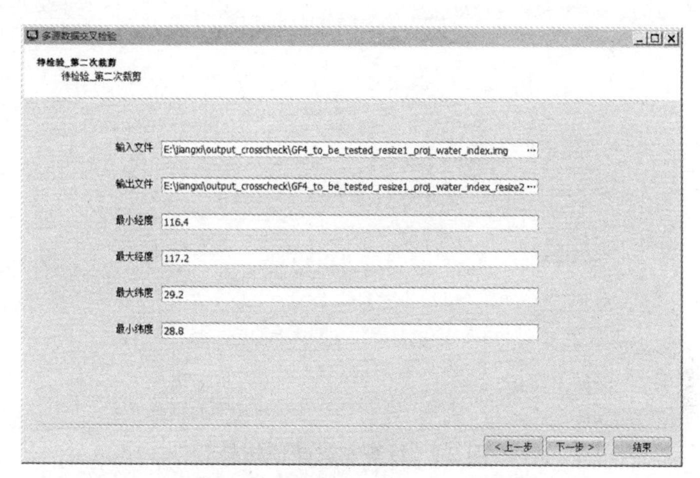

图 32　待检验影像第二次裁剪

（9）相交一致性转换

相交一致性转换是把影像转换为同投影、同分辨率、同空间范围、同背景区域的分类数据，以便于计算混淆矩阵。

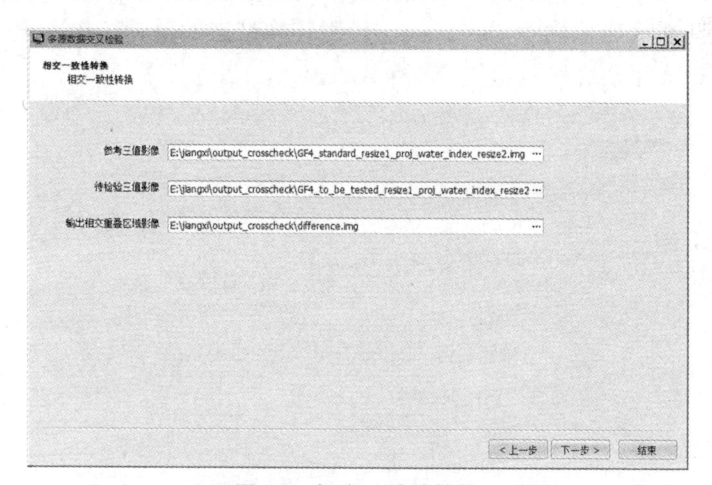

图 33　相交一致性转换

（10）计算交叉验证结果

差值影像通过正负灰度值来检验，并得到相对精度，输出交叉检验的相对精度，从相对精度中可看到哪些地区存在较大误差。

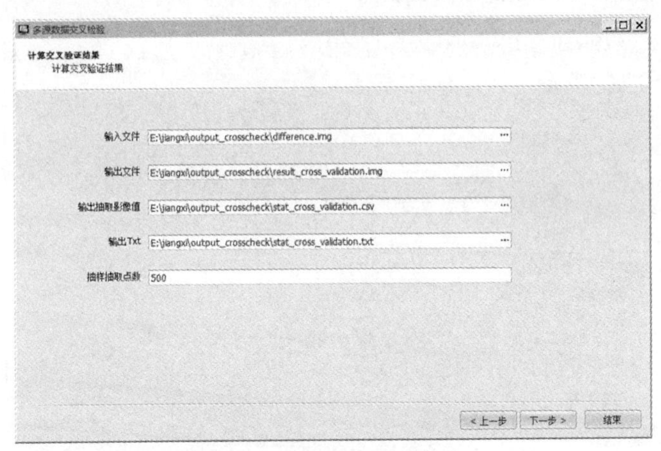

图 34　计算交叉验证结果

5. 高分检验模块操作流程

（1）高分影像第一次裁剪

高分影像第一次裁剪的目的是让后面的运算能够更加快速地进行，也能够有效地防止大影像内存溢出，由于投影转换带来的范围变化，第一次裁剪的范围应该大于研究区域范围。

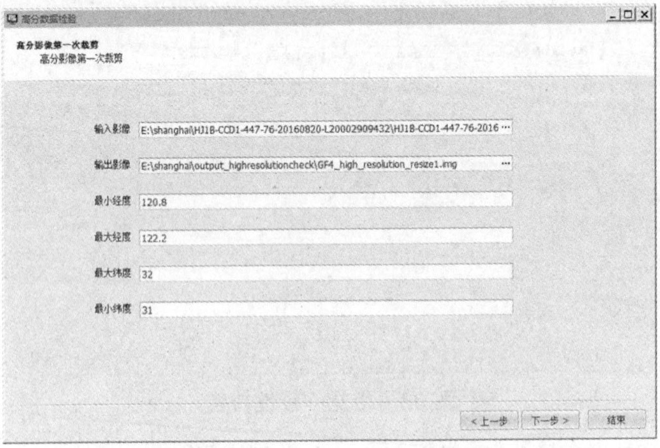

图 35　高分影像第一次裁剪

（2）高分影像投影转换

高分影像投影转换的目的是统一全局标准，并且能够很好地计算面积。

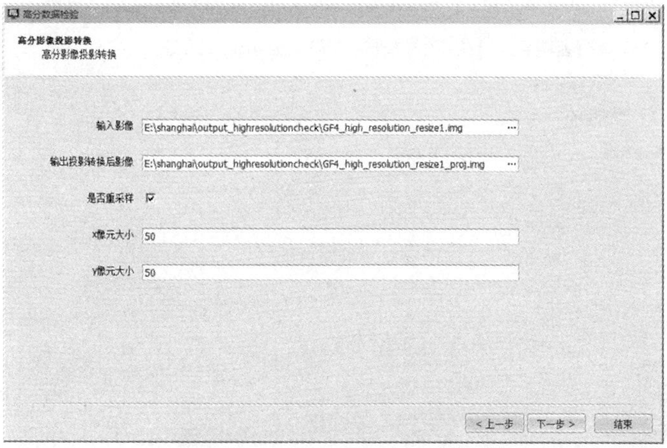

图 36　高分影像投影转换

（3）高分影像计算水体指数

高分影像计算水体指数中，需要多波段影像波段号从 0 开始，背景值为输入数据的背景值，分别设置两个波段像元为云的参数阈值，超过阈值的像元设为背景值。

图 37　高分影像计算水体指数

（4）高分影像第二次裁剪

高分影像第二次裁剪的目的是把研究区域提取出来，提取出的影像以包含研究区域的最小矩形为最佳。

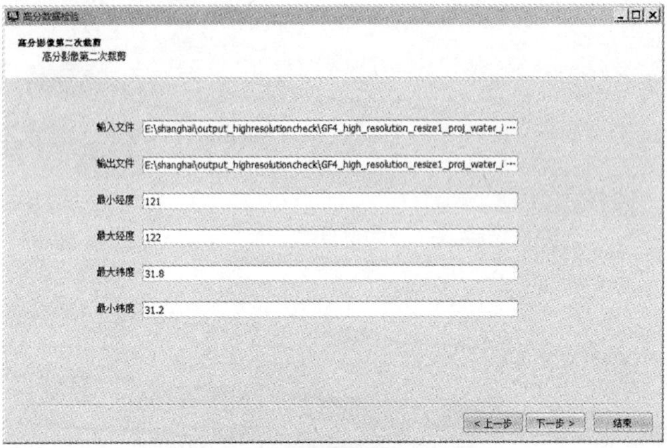

图 38　高分影像第二次裁剪

（5）高分转低分影像第一次裁剪

高分转低分影像第一次裁剪的目的是让后面的运算能够更加快速地进行，也能够有效地防止大影像内存溢出，由于投影转换带来的范围变化，第一次裁剪的范围应该大于研究区域范围。（图略）

（6）高分转低分影像投影转换

投影转换的目的是统一全局标准，并且能够很好地计算面积。

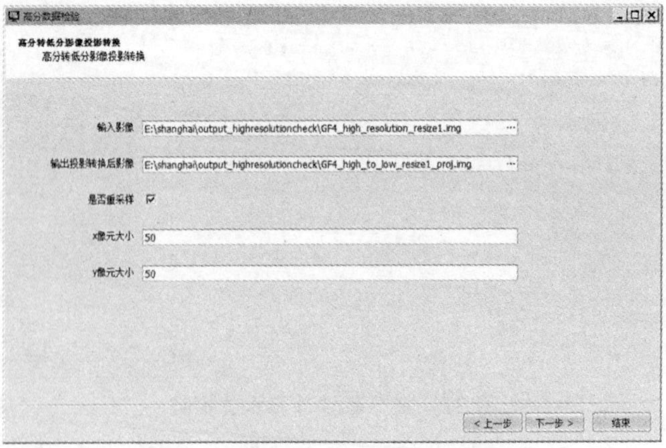

图 39　高分转低分影像投影转换

（7）高分转低分影像计算水体指数

计算水体指数中，需要多波段影像波段号从0开始，背景值为输入数据的背景值，分别设置两个波段像元为云的参数阈值，超过阈值的像元设为背景值。

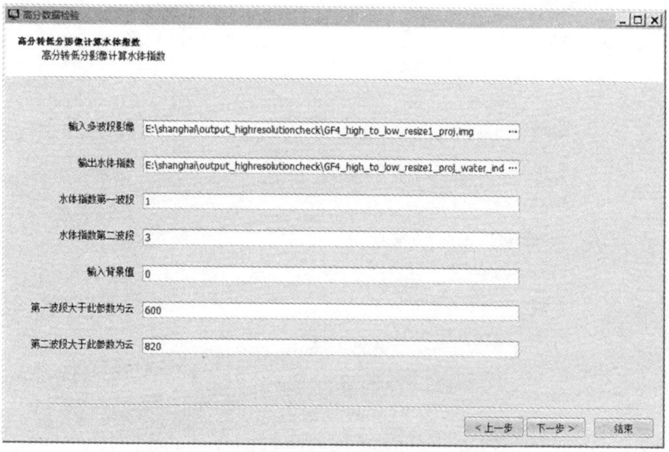

图 40　高分转低分影像计算水体指数

（8）高分转低分影像第二次裁剪

高分转低分影像第二次裁剪的目的是把研究区域提取出来，提取出的影像以包含研究区域的最小矩形为最佳。

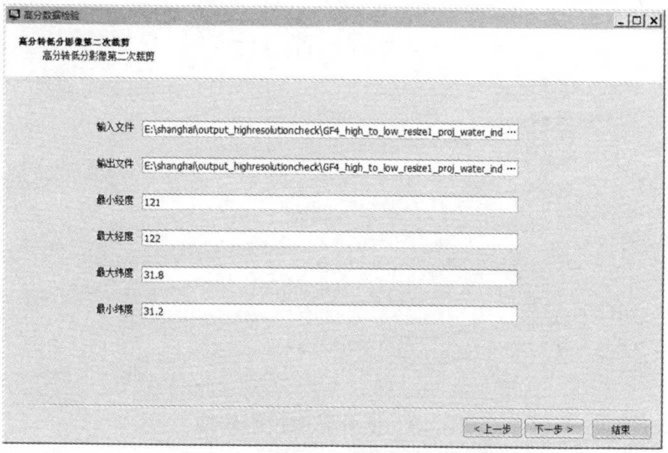

图 41　高分转低分影像第二次裁剪

（9）低分影像第一次裁剪

低分影像第一次裁剪的目的是让后面的运算能够更加快速地进行，也能够有效地防止大影像内存溢出，由于投影转换带来的范围变化，第一次裁剪的范围应该大于研究区域范围。

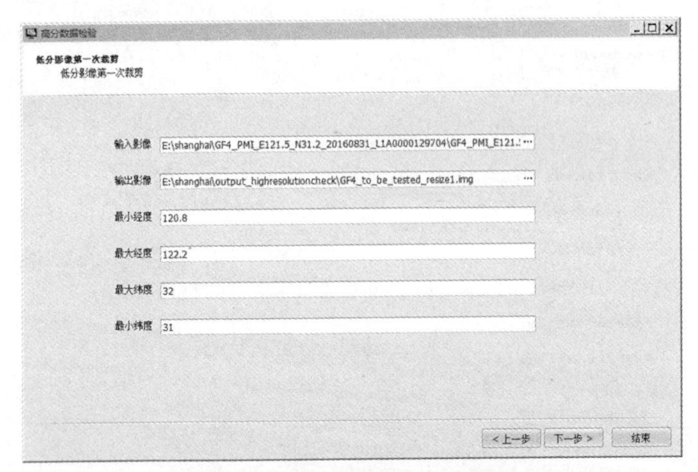

图 42　低分影像第一次裁剪

（10）低分影像投影转换

低分影像投影转换的目的是统一全局标准，并且能够很好地计算面积。

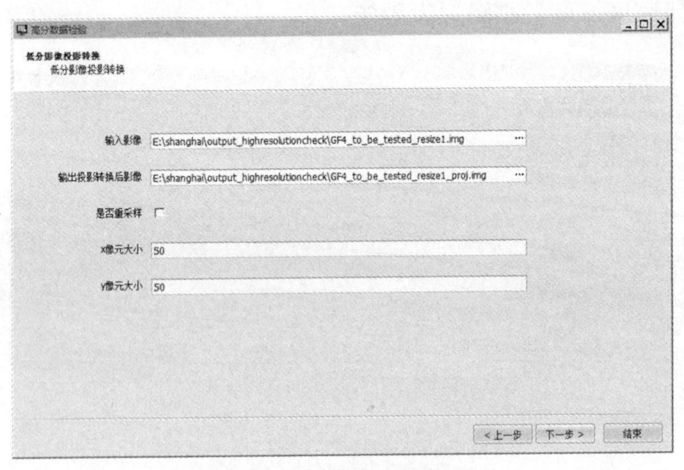

图 43　低分影像投影转换

（11）低分影像计算水体指数

低分影像计算水体指数中，需要多波段影像波段号从 0 开始，背景值为输入数据的背景值，分别设置两个波段像元为云的参数阈值，超过阈值的像元设为背景值。

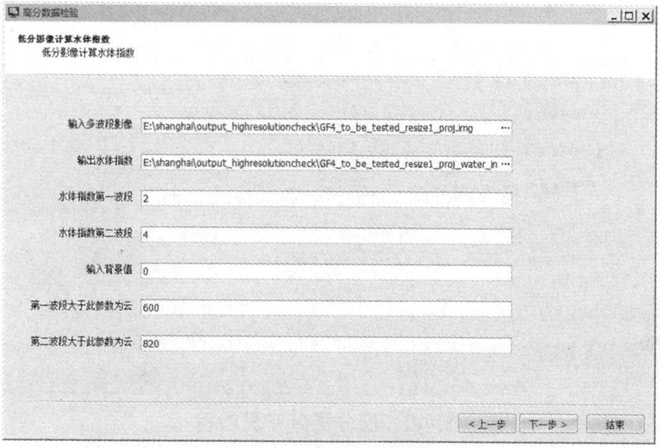

高分数据检验

低分影像计算水体指数

低分影像计算水体指数

输入多波段影像 E:\shanghai\output_highresolutioncheck\GF4_to_be_tested_resize1_proj.img

输出水体指数 E:\shanghai\output_highresolutioncheck\GF4_to_be_tested_resize1_proj_water_in

水体指数第一波段 2

水体指数第二波段 4

输入背景值 0

第一波段大于此参数为云 600

第二波段大于此参数为云 820

< 上一步　下一步 >　结束

图 44　低分影像计算水体指数

（12）低分影像第二次裁剪

低分影像第二次裁剪的目的是把研究区域提取出来，提取出的影像以包含研究区域的最小矩形为最佳。

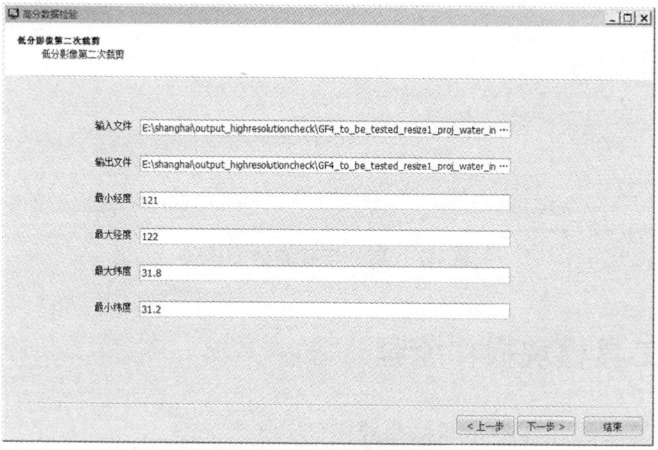

高分数据检验

低分影像第二次裁剪

低分影像第二次裁剪

输入文件 E:\shanghai\output_highresolutioncheck\GF4_to_be_tested_resize1_proj_water_in

输出文件 E:\shanghai\output_highresolutioncheck\GF4_to_be_tested_resize1_proj_water_in

最小经度 121

最大经度 122

最大纬度 31.8

最小纬度 31.2

< 上一步　下一步 >　结束

图 45　低分影像第二次裁剪

（13）计算交叉验证结果

差值影像通过正负灰度值来检验水面积矢量，并得到相对精度，输出交叉检验的相对精度，从相对精度中可看到哪些地区存在较大误差。

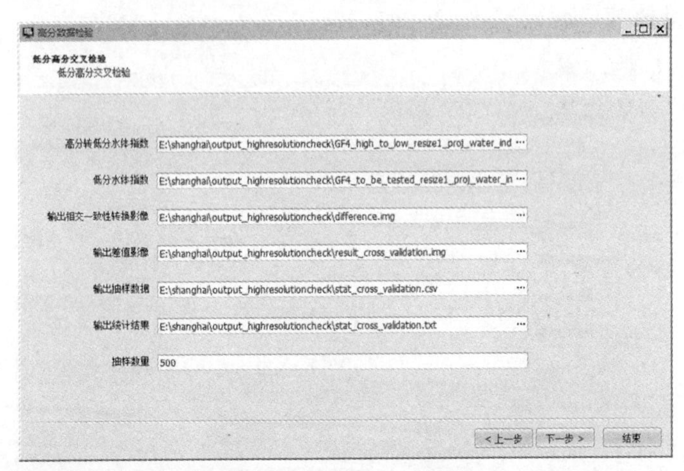

图 46　低分高分交叉检验

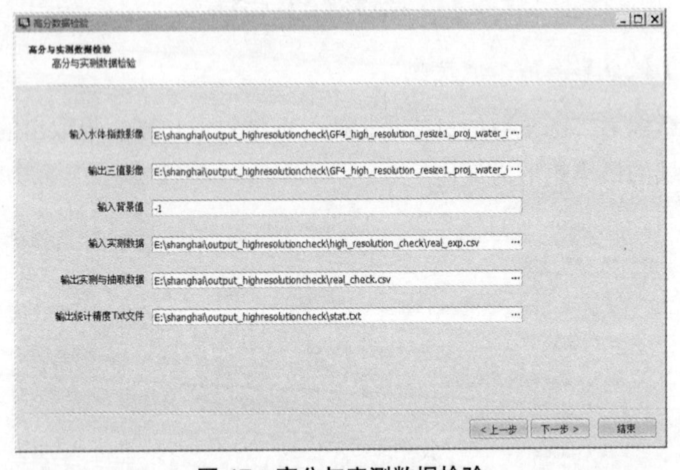

图 47　高分与实测数据检验

6. 常用工具模块操作流程

（1）批处理计算水体指数模块

常见的水体指数有 NDWI、MNDWI、CIWI 及 MCIWI 等。鉴于 CIWI

和 MCIWI 的公式中波段基于 MODIS 数据，因此此处不列出详细公式。基于波段运算，通过下拉菜单选择几种水体指数的计算公式，可以通过客户端进行录入。

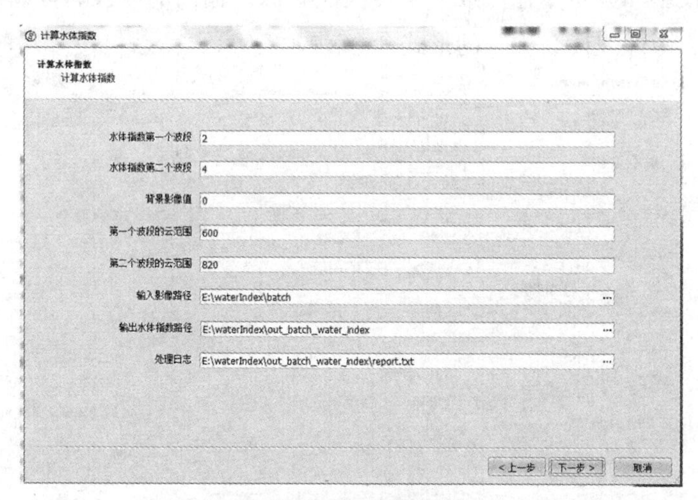

图 48　水体指数计算

（2）批处理投影转换模块

批处理投影转换是把输入的多幅影像转换成本项目的通用椭球与坐标系，WGS84 椭球下 Albers Conical Equal Area 投影，此投影适合中国区域的等面积投影。

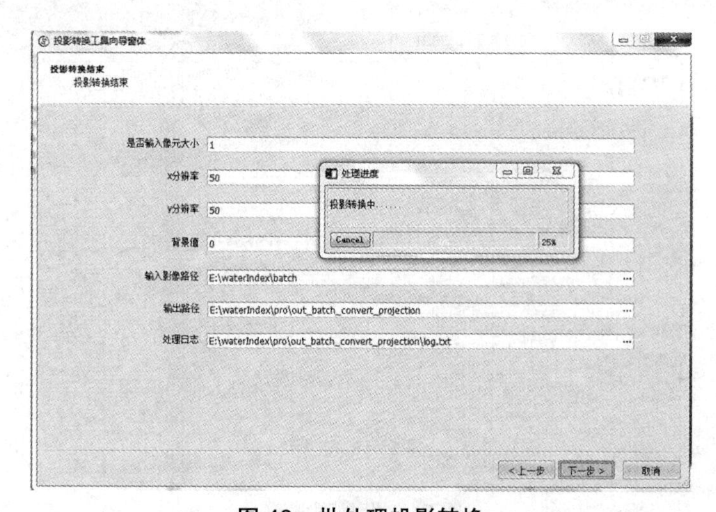

图 49　批处理投影转换

(3) 批处理相交一致性转换

批处理相交一致性转换是提取出输入的多个影像的重叠区域，以某一参考影像的投影和分辨率输出成一个多波段影像，输出的波段名称以“输入影像文件名 $ 影像波段名称”的形式命名。

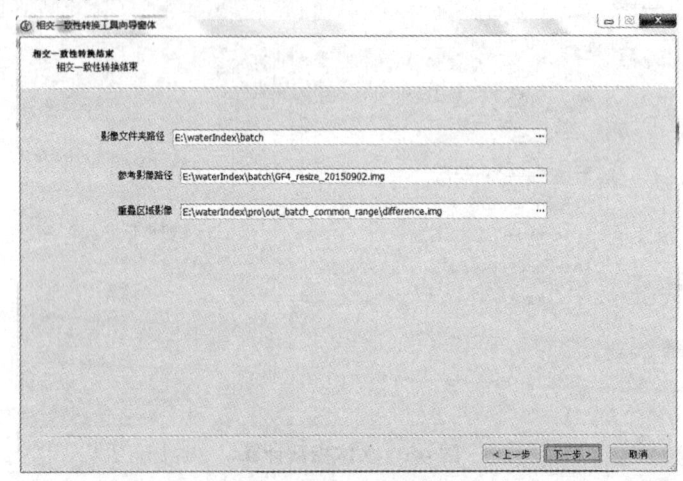

图 50　相交一致性转换

(4) 批处理裁剪

批处理裁剪是把输入的多幅影像批量剪裁到给定经纬度范围，并输出到指定路径。

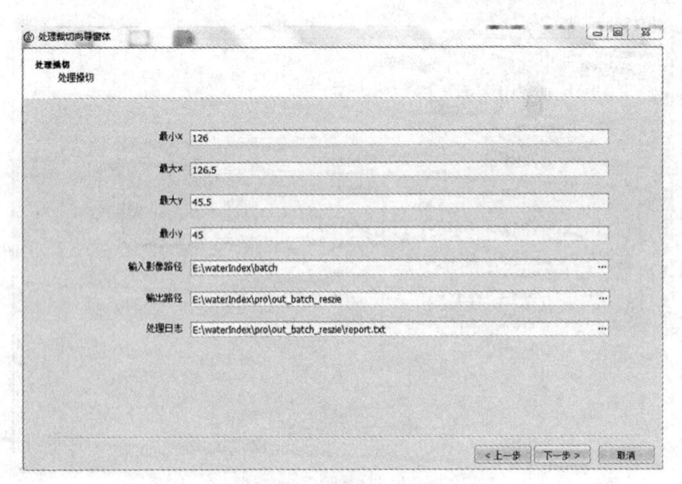

图 51　批处理裁剪

7. 任务规划与实地采集方案模块操作流程

（1）任务规划

任务规划需要根据数据情况找到合适的待检验区域，然后根据待检验区域下载已有数据或去查找其他数据。

①第一次裁剪

第一次裁剪的目的是让后面的运算能够更加快速地进行，也能够有效地防止大影像内存溢出，由于投影转换带来的范围变化，第一次裁剪的范围应该大于研究区域范围。

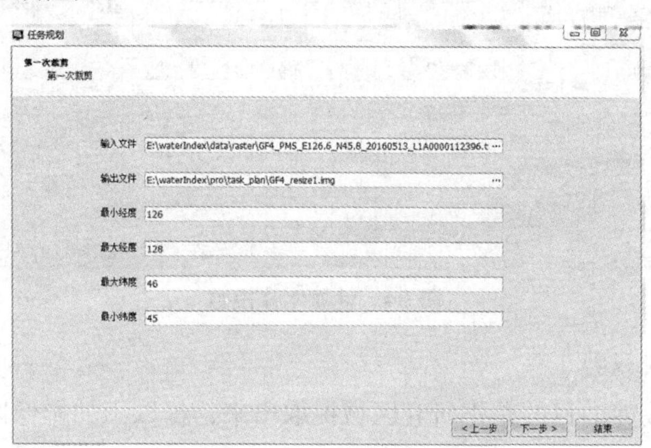

图 52　影像第一次裁剪

②投影转换

投影转换的目的是统一全局标准，并且能够很好地计算面积。

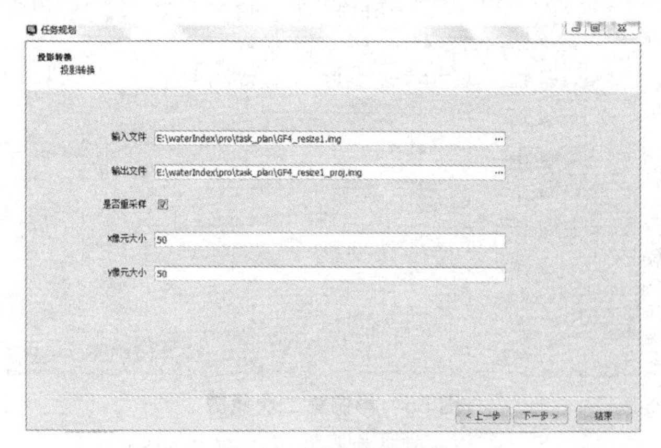

图 53　影像投影转换

③计算水体指数

计算水体指数中，需要多波段影像波段号从 0 开始，背景值为输入数据的背景值，分别设置两个波段像元为云的参数阈值，超过阈值的像元设为背景值。

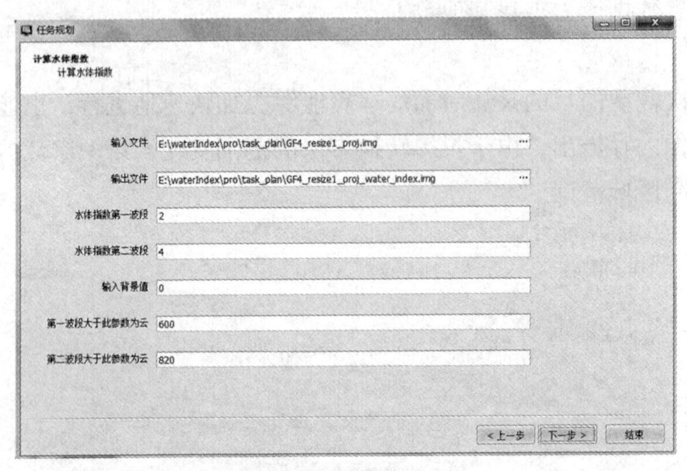

图 54　计算水体指数

④第二次裁剪

第二次裁剪的目的是把研究区域提取出来，提取出的影像以包含研究区域的最小矩形为最佳。

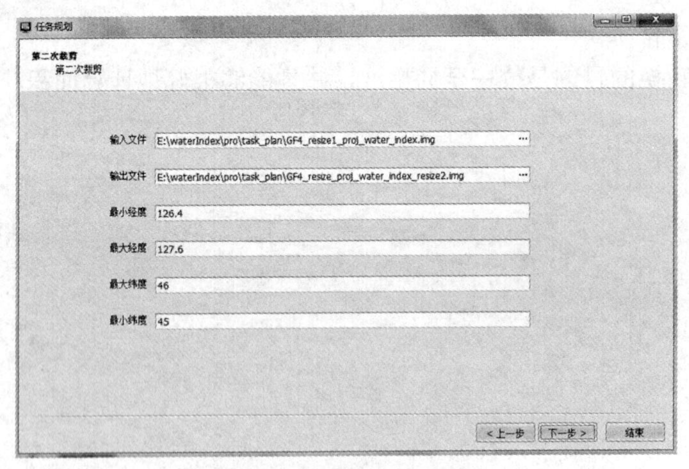

图 55　影像第二次裁剪

⑤获取影像信息

如果待检验区域的范围没问题，那么输出待检验影像的基本信息，辅助后面的数据库查询。

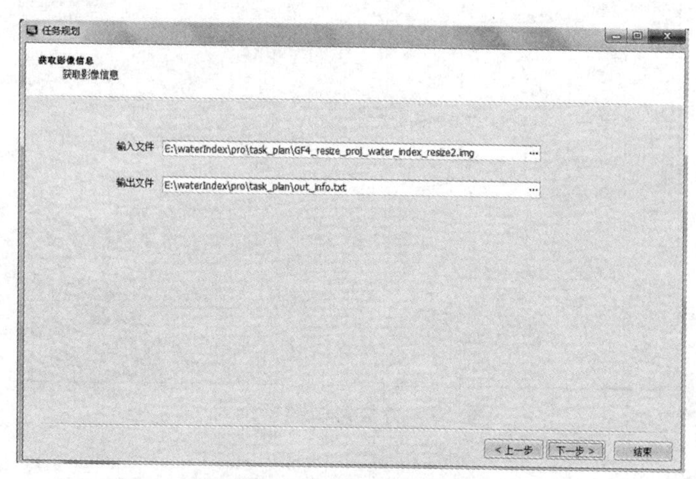

图 56　获取影像基本信息

（2）实地采集模块

内容详见附录 1 “1. 实地采集模块操作流程”。

8. 数据管理模块操作流程

（1）分类影像数据录入

分类数据需满足三值影像的要求，即背景为 0、水体为 1、陆面为 2，入库数据的椭球必须为 WGS84，投影必须为 Albers Conical Equal Area，界面操作如图 57 所示。

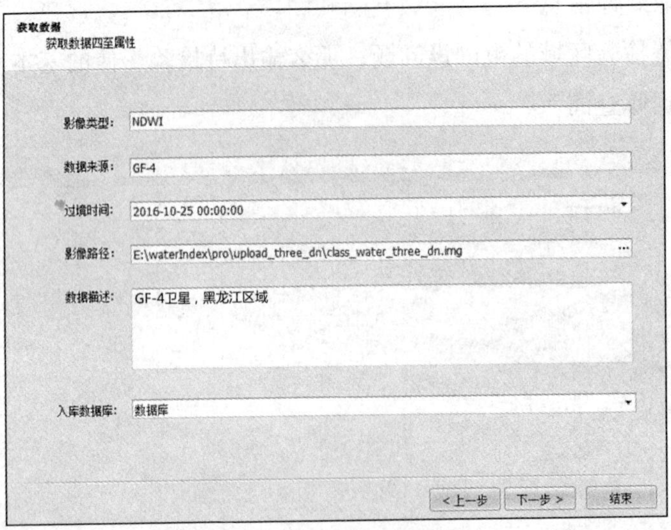

图 57　分类影像数据录入

①输入

影像类型（type）：为三值影像的算法来源，如来自 NDWI 水体指数。

影像来源（from）：为三值影像的来源，如来自 GF-4 卫星。

过境时间（pass_time）：为数据来源影像的过境时间。

影像路径（path）：需要上传的影像地址。

数据描述（description）：输入数据一些的描述。

入数据库：暂时不可选，以后数据量增大后，可以扩展集群。

②上传

检查数据无误后，点击下一步，即可上传到服务器，可以在服务器打开 MySQL 确认（一般不需要）。

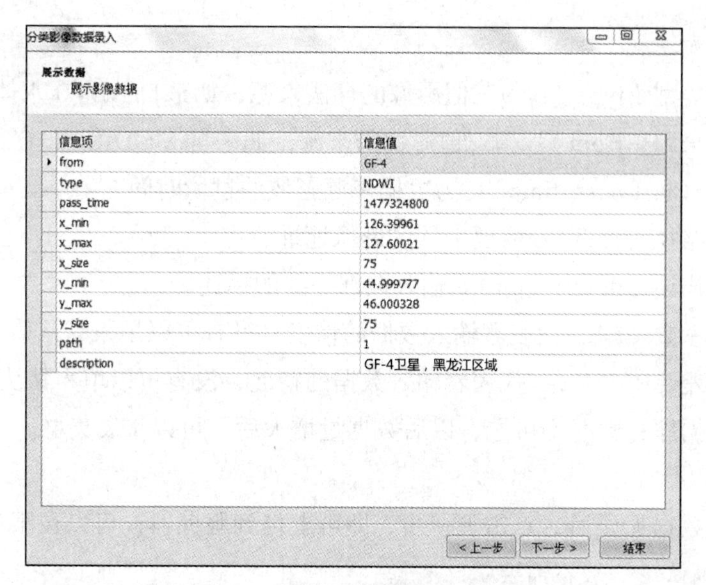

图 58 分数影像数据录入检查

（2）水体指数影像数据录入

水体指数影像入库数据的椭球必须为WGS84，投影必须为Albers Conical Equal Area。

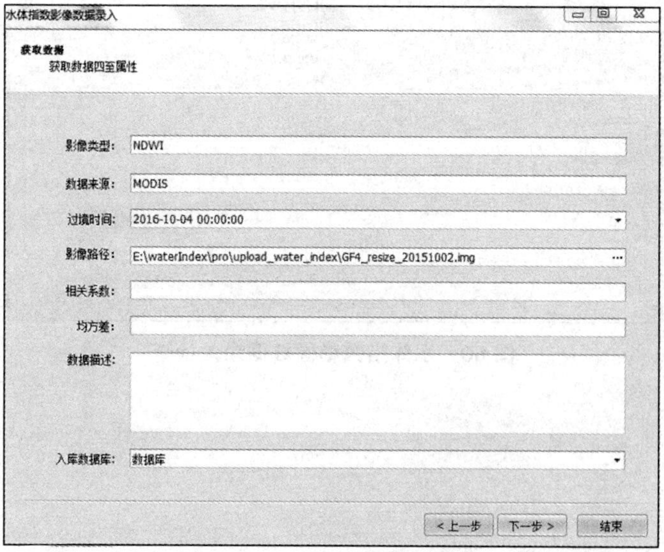

水体指数影像数据录入
获取数据
获取数据四至属性
影像类型：NDWI
数据来源：MODIS
过境时间：2016-10-04 00:00:00
影像路径：E:\waterIndex\pro\upload_water_index\GF4_resize_20151002.img
相关系数：
均方差：
数据描述：
入库数据库：数据库
< 上一步 下一步 > 结束

图 59 水体指数影像数据录入

①输入

影像类型（type）：为三值影像的算法来源，如来自 NDWI 水体指数。

影像来源（from）：为三值影像的来源，如来自 MODIS。

过境时间（pass_time）：为数据来源影像的过境时间。

影像路径（path）：需要上传的影像地址。

数据描述（description）：输入数据一些的描述。

相关系数（r）：代表着输入数据的精度，没有可以填入默认值 -1。

均方差（RMSE）：代表着输入数据的精度，没有可以填入默认值 -1。

入数据库：暂时不可选，以后数据量增大后，可以扩展集群。

②上传

检查数据无误后，点击下一步，即可上传到服务器，可以在服务器打开 MySQL 确认（一般不需要）。

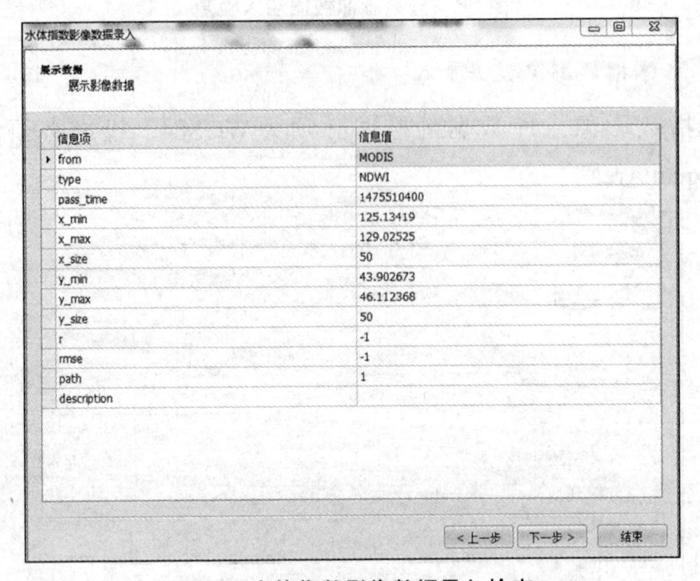

图 60　水体指数影像数据录入检查

（3）实测数据录入

①输入

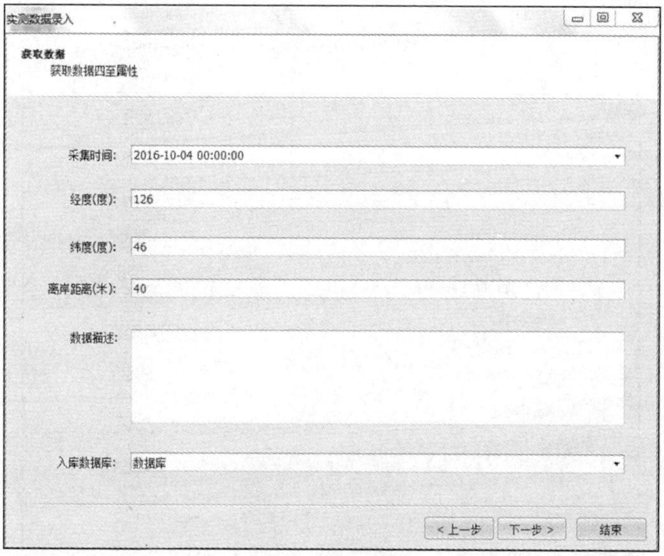

实测数据录入

获取数据
获取数据四至属性

采集时间: 2016-10-04 00:00:00

经度(度): 126

纬度(度): 46

离岸距离(米): 40

数据描述:

入库数据库: 数据库

< 上一步 | 下一步 > | 结束

图 61　实测数据录入

②上传

检查下图数据无误后点击导入。

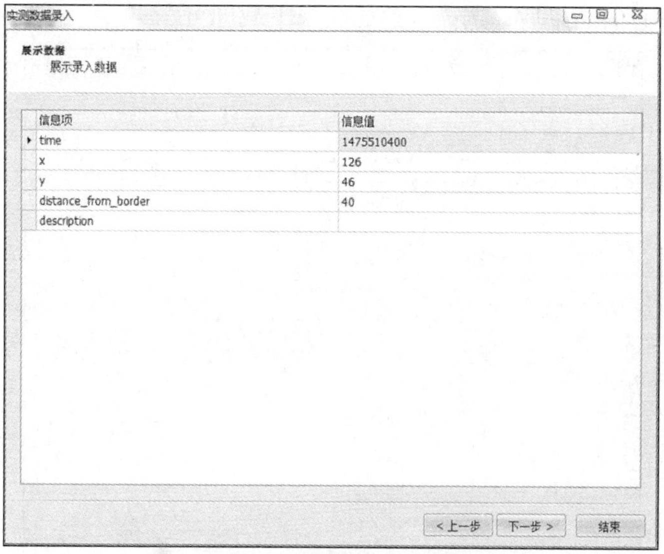

实测数据录入

展示数据
展示录入数据

信息项	信息值
time	1475510400
x	126
y	46
distance_from_border	40
description	

< 上一步 | 下一步 > | 结束

图 62　实测数据录入检查

（4）数据查询

数据输入的经纬度是以 WGS84 椭球为基准的，根据输入的时间范围和空间范围查询数据。

①输入

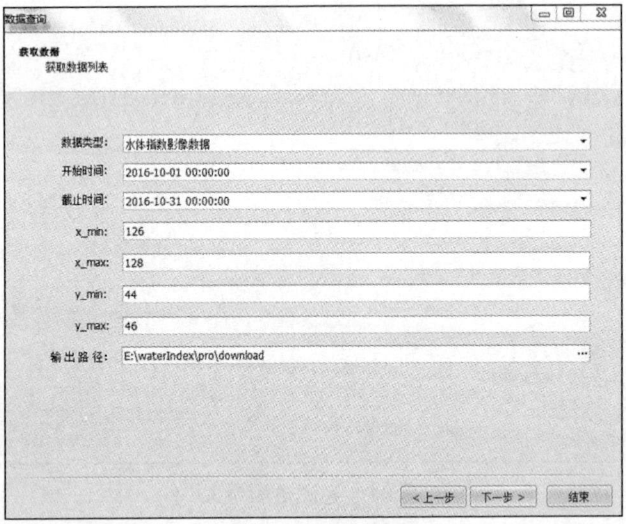

数据查询
获取数据
获取数据列表
数据类型：
水体指数影像数据
开始时间：
2016-10-01 00:00:00
截止时间：
2016-10-31 00:00:00
x_min:
126
x_max:
128
y_min:
44
y_max:
46
输出路径：
E:\waterIndex\pro\download
<上一步
下一步 >
结束

图 63　数据查询

②下载

查看所有的结果后，选择合适的结果下载即可。

数据查询
展示数据
展示影像数据
from
type
pass_time
x_min
x_max
y_max
y_min
x_size
y_size
MO...
NDWI
14755104...
125.1342
129.0253
46.11237
43.90267
10
<上一步
下一步 >
结束

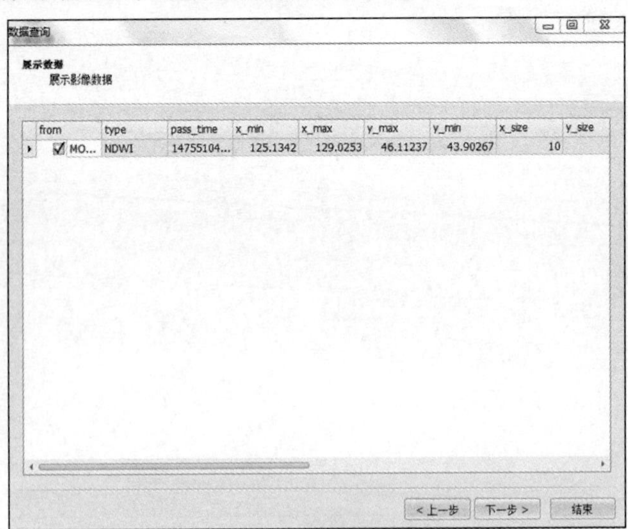

图 64　数据下载

附录 2 灾害遥感术语和定义

灾害遥感产品

基于遥感数据，用于刻画自然灾害的孕灾、致灾、成灾过程，揭示灾害监测和评估结果的一种表达手段和方式，由信息（I_n）、要素（C）、指标（I_i）、参数（P_a）、数据（D）等因素组成，其概念模型为 [$P=f(I_n, C, I_i, P_a, D)$]。

灾害遥感信息

基于遥感数据，用于反映灾害强度、影响、分布的有效数据，由与灾害目标相关的各类要素信息组成。

灾害遥感指标

基于遥感数据，用于衡量灾害目标状态的方法，可用数字来实现对灾害目标状态、性状的指征。

灾害遥感要素

基于遥感技术监测或评估灾害系统的子单元或基本单元，可通过各类指标来描述其状态和特性。

灾害遥感特征参数

利用遥感数据的光谱特征、辐射特征、空间特征、时间特征，经数据或信息集成处理，构建应用于灾害信息提取的，能表征灾害过程、受损程度、应急救助、恢复重建的基本特征、标志或现象的各类参数。

灾害遥感监测

利用遥感数据，对灾害的孕育、发生、发展、消亡以及范围、历时、程度等进行全程动态监视与观测。

灾害遥感风险评估

利用遥感数据，计算灾害系统的各种特征参数，分析灾害发生的可能性、频次，对灾害可能的影响范围、风险等级、受损程度进行评价与估计。

灾情遥感评估

利用遥感数据，对灾害范围、毁损实物量以及受损程度进行评价与估计。

灾害遥感毁损实物量评估

利用遥感数据，以实物统计的方式，对房屋、交通线、其他基础设施、农作物等承灾体毁损情况进行评价与估计。

恢复重建遥感监测

利用多时相遥感数据，对灾区恢复重建阶段的房屋、交通线、其他基础设施、农作物等进行监视与观测。

附录 3　灾害遥感产品分类分级体系

随着卫星遥感技术不断发展，卫星遥感技术通过对复杂多变灾害系统的定期、持续、动态观测，开展时序变化分析及信息提取，为重大自然灾害的管理和应对提供了重要的技术支撑，卫星遥感技术的应用已成为防灾减灾和应急救助工作的重要手段。为了推动遥感技术在自然灾害监测与评估业务工作中的应用，满足自然灾害管理工作需求，灾害遥感技术应用部门需建立并规范灾害遥感产品分类分级体系。

本标准基于自然灾害发生机理，结合遥感技术特点和自然灾害监测与评估业务工作实际，综合考虑自然灾害致灾因子、承灾体、孕灾环境三方面因素，明确灾害遥感产品分类分级体系，以满足灾害管理需求，指导实际业务工作。

1. 分类分级原则

基于遥感技术的灾害监测与评估业务产品分类分级遵循以下原则。

科学性原则：类别的划分和级别的界定符合灾害管理工作要求，反映了灾害管理不同阶段业务的需求，遵循遥感数据制备与信息提取的基本业务流程。分类分级体系结构清晰，能反映不同类别和级别产品间的内在特性与联系。

系统性原则：基于自然灾害系统理论，综合考虑致灾因子、承灾体、孕灾环境三个子系统，构建产品体系。

完整性原则：产品体系的构建尽可能反映基于遥感技术的灾害监测与评估业务中的各类产品，以满足在灾害应对过程中的实际需要。

层次性原则：产品体系具有多重性的特点，一般是由多个层次结构组成，反映各层次特征，再逐层综合多类产品，进而反映灾害监测与评估产品的结构。

典型性原则：产品体系中各类指标的选取应具有典型代表性，以便于实际使用和选择。

可扩展性原则：分类分级规则的制定首先考虑目前使用广泛、可标准化程度高的主流灾害监测与评估产品，其次还应考虑在未来一定时期内出现新产品的可能性，具有可扩展性。

2. 分类体系与规则

2.1 分类体系

根据目标特征、探测方式、灾害系统组成结构、灾害管理流程对灾害遥感监测与损失评估产品进行类别细分。分类体系由大类、中类和小类组成。

2.2 分类规则

（1）大类

依据产品的信息处理程度和服务目标对灾害遥感产品进行大类划分，分为数据产品、信息产品和专题产品。分类体系根据不同级别数据、系统组成结构及样式的不同进行分类。

①数据产品

通过卫星遥感探测或地面处理可直接展示灾害特征或服务于灾害信息提取的影像产品。

②信息产品

基于遥感影像解译或参数反演，提取的灾害致灾因子、承灾体、孕灾环境要素分布、属性及状态的产品。

③专题产品

利用遥感影像，依托异常信息提取、时空特征分级等方法，获取的服务于不同灾害管理阶段需求的遥感产品。

（2）中类

①数据产品

依据卫星遥感的探测波段及其观测对象进行中类划分，可分为光学数据产品类、微波数据产品类、再加工数据产品类。

光学数据产品：通过探测波长在 0.1μm 至 1.0×10^3μm 之间的目标物体反射或辐射特性，获得的目标物体反射率或辐射能量的影像数据产品，及由此经过加工处理得到的影像数据产品；或通过发射激光探测目标获得的影像数据产品。

微波数据产品：通过探测波长 0.3×10^3μm 至 3.0×10^5μm 之间的目标物体微波散射或辐射特性，获得的目标物体散射或辐射特性的影像数据产品，及由此经过加工处理得到的影像数据产品。

再加工数据产品：通过对光学数据产品、微波数据产品开展融合、增强等加工处理得到的影像数据产品。

②信息产品

依据自然灾害系统结构，划分为致灾因子信息产品类、承灾体信息产品类、孕灾环境信息产品类。

致灾因子信息产品：基于影像解译或参数反演等加工处理手段，获得的描述干旱、洪涝、台风、地震等灾害致灾因子分布、属性或状态的信息产品。

承灾体信息产品：基于影像解译或参数反演等加工处理手段，获得的描述人、房屋、道路、基础设施等承灾体分布、属性或状态的信息产品。

孕灾环境信息产品：基于影像解译或参数反演等加工处理手段，获得的描述包括由大气圈、水圈、岩石圈、生物圈等自然环境因子和人类圈与技术圈等人文环境因子在内的分布、属性或状态的信息产品。

③专题产品

依据灾害管理业务流程分为监测预评估专题产品类、损失评估专题产品类、恢复重建专题产品类。

监测预评估专题产品：利用遥感数据，在提取异常信息基础上，开展针对致灾因子、承灾体、孕灾环境的定期监测和灾害风险评估，服务于减灾备灾工作的专题产品。

损失评估专题产品：利用遥感数据，开展灾害范围评估、毁损实物量评估及综合评估，服务于灾害应急管理工作的专题产品。

恢复重建专题产品：利用遥感数据，通过对灾害毁损房屋、道路、基础设施及灾区植被、水系等的定期监测，服务于灾害恢复重建工作的专题产品。

（3）小类

①数据产品

a. 光学数据产品

光学数据产品按照光谱探测范围、光谱分辨率和探测方式划分为全色数据产品、多光谱数据产品、高光谱数据产品、热红外数据产品、紫外数据产品和激光数据产品6个小类。

全色数据产品：探测波长在0.36μm至0.9μm之间，由单通道波段遥感探测器获取的目标物体反射率数据产品，及由此经过加工处理得到的影像数据产品。

多光谱数据产品：探测波长在0.36μm至2.5μm之间，由光谱分辨率达到100nm数量级的多波段遥感探测器获取的目标物体反射率数据产品，及由此经过加工处理得到的影像数据产品。

高光谱数据产品：探测波长在0.36μm至2.5μm之间，由光谱分辨率达到10nm数量级、波段宽度小于10nm的高光谱遥感器获取的目标物体反射率或辐射温度数据产品，及由此经过加工处理得到的影像数据产品。

热红外数据产品：探测波长在3μm至15μm之间，由工作在热红外波段的遥感探测器获取的目标物体辐射温度数据产品，及由此经过加工处理得到的影像数据产品。

激光数据产品：探测波长在0.1μm至10μm之间，通过发射激光探测目标，获取距离等信息而得到的影像数据产品。

紫外数据产品：探测波长在0.1μm至0.4μm之间，由工作在紫外波段的遥感探测器获取的目标物体反射率数据产品，及由此经过加工处理得到的影像数据产品。

b. 微波数据产品

微波数据产品按照数据获取的探测方式划分为主动微波数据产品和被动微波数据产品2个小类。

主动微波数据产品：通过发射微波方式获取地物微波散射系数或距离而得的影像数据产品，及由此经过加工处理得到的影像数据产品。

被动微波数据产品：通过卫星上的微波传感器探测地表或大气的微波辐射特性而获得的影像数据产品，及由此经过加工处理得到的影像数据产品。

c. 再加工数据产品

再加工数据产品分为数据融合产品和数据增强产品 2 个小类。

数据融合产品：利用多源遥感数据，通过像元级、特征级、决策级融合方式，便于更为有效地提取服务于减灾救灾工作信息的数据产品。

数据增强产品：利用遥感数据，通过影像滤波、转化、三维展示等方式，便于更为有效地提取服务于减灾救灾工作信息的数据产品。

②信息产品

a. 致灾因子信息产品

致灾因子信息产品划分为气象水文致灾因子信息产品、地震地质致灾因子信息产品 2 个小类。

气象水文致灾因子信息产品：基于遥感数据，通过影像解译或参数反演等方法获取的云系、水系分布及状态的信息产品。

地震地质致灾因子信息产品：基于遥感数据，通过影像解译或参数反演等方法获取的地球磁场及重力场状态的信息产品。

b. 承灾体信息产品

承灾体信息产品划分为人口信息产品、房屋信息产品、农作物信息产品、基础设施信息产品 4 个小类：

人口信息产品：综合利用遥感、统计数据，获取的人口分布、密度等信息产品。

房屋信息产品：基于遥感数据，通过影像解译或参数反演等方法获取的房屋分布、属性（结构）、状态（正常、倒塌、严重损坏、一般损坏）的信息产品。

农作物信息产品：基于遥感数据，通过影像解译或参数反演等方法获取的农作物分布、属性（品种）、状态（长势及产量）的信息产品。

基础设施信息产品：基于遥感数据，通过影像解译或参数反演等方法获取的基础设施分布、属性（品种）、状态（正常、毁损等级）的信息产品。

c. 孕灾环境信息产品

孕灾环境信息产品划分为孕灾自然环境信息产品、孕灾人文环境信息产品 2 个小类：

孕灾自然环境信息产品：基于遥感数据，利用影响解译或参数反演等方法获取的土壤、植被、水体、大气等孕灾自然环境分布、属性及状态的信息产品。

孕灾人文环境信息产品：基于遥感数据，利用影响解译或参数反演等方法获取的减灾防灾设施的分布、属性及状态的信息产品。

③专题产品

a. 监测预评估专题产品

监测预评估专题产品划分为承灾体暴露与脆弱性分析专题产品、致灾因子强度专题产品、灾害风险与损失预评估专题产品 3 个小类。

承灾体暴露与脆弱性分析专题产品：基于承灾体分布及属性信息，结合历史灾情案例分析，反映承灾体与致灾因子接触是否成灾的以及受致灾因子打击时自身应对、抗御和恢复的能力的专题产品。

致灾因子强度专题产品：基于致灾因子分布及状态信息，结合历史灾情案例数据，反映可能造成财产损失、人员伤亡、资源与环境破坏、社会系统混乱的自然致灾因子异变程度的专题产品。

灾害风险与损失预评估专题产品：基于灾害系统理论，在致灾因子危险性、承灾体脆弱性、孕灾环境稳定性综合评估的基础上，结合历史灾情案例获取的承灾体易损性曲线，获得的灾害发生可能性及损失等级的专题产品。

b. 损失评估专题产品

损失评估专题产品划分为灾害范围专题产品、毁损实物量评估专题产品、综合评估专题产品 3 个小类。

灾害范围专题产品：基于遥感数据，获取灾害影响地区、主要影响要素的专题产品。

毁损实物量评估专题产品：基于遥感数据，通过对承灾体毁损数量、毁损等级开展评估的服务于应急管理的专题产品。

综合评估专题产品：基于遥感数据，在毁损实物量评估的基础上，通过折算恢复价格获取的综合评估专题产品。

c. 恢复重建专题产品

恢复重建专题产品划分为房屋恢复重建专题产品、道路恢复重建专题产品、基础设施恢复重建专题产品 3 个小类。

房屋恢复重建专题产品：利用遥感数据，基于影像解译及参数反演等手段，通过对灾害毁损房屋定期监测，服务于灾后恢复重建工作的房屋恢复重建专题产品。

道路恢复重建专题产品：利用遥感数据，基于影像解译及参数反演等手段，通过对灾害毁损道路定期监测，服务于灾后恢复重建工作的道路恢复重建专题产品。

基础设施恢复重建专题产品：利用遥感数据，基于影像解译及参数反演等手段，通过对灾害毁损基础设施定期监测，服务于灾后恢复重建工作的基础设施恢复重建专题产品。

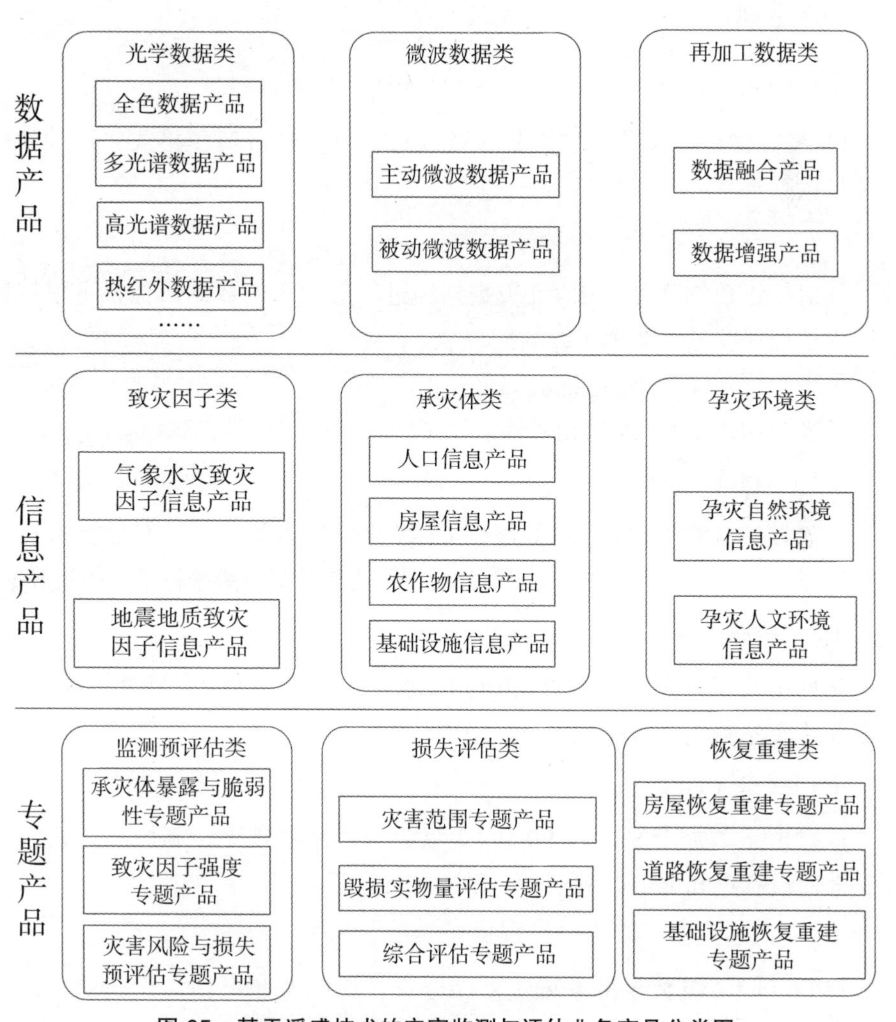

图 65　基于遥感技术的灾害监测与评估业务产品分类图

3. 分级体系与规则

3.1 分级体系

依据灾害监测与评估业务工作流程，结合遥感技术特点，对产品进行分级，分级体系由级、子级、扩充级组成，共分为0—7级产品，各级产品根据需要可以细分为子级或扩充级。

3.2 分级规则

（1）0级（L0）

L0级数据是指按条带、按景或按区域分发的经过解压格式、压缩处理的原始数据产品。

（2）1级（L1）

辐射校正数据产品。由L0级数据经过辐射校正的数据影像，可根据辐射校正处理程度分为2个子级。

子级1（L1_1）：经过绝对辐射校正的数据；

子级2（L1_2）：经过相对辐射校正的数据。

（3）2级（L2）

几何校正数据产品。在L0级到L1级数据产品基础上，对数据进行系统几何校正，并将校正后的图像映射到指定格式的地图投影坐标下的产品数据。

（4）3级（L3）

几何精校正数据产品。在L0到L2级数据产品基础上，利用卫星精轨数据和地面控制点，对图像进行几何精校正。

（5）4级（L4）

正射校正数据产品。在L0到L3级数据产品基础上，利用卫星精轨数据、地面控制点和地面高程模型，对图像进行正射校正。

（6）5级（L5）

在L0到L4级数据的基础上，结合灾害遥感监测评估应用需求，经融合、增强等专业数据集成处理得到的服务于灾害遥感信息提取与挖掘的数据产品，可根据处理程度细分为子级和扩充级。

按照影像融合程度划分子级 1—3。

子级 1（L5_1）：由 L0 到 L4 级数据经像素级融合的灾害遥感数据产品；

子级 2（L5_2）：由 L0 到 L4 级数据经特征级融合的灾害遥感数据产品；

子级 3（L5_3）：由 L0 到 L4 级数据经决策级融合的灾害遥感数据产品。

按照数据增强方式差异划分子级 4—6。

子级 4（L5_4）：由 L0 到 L4 级数据经影像滤波的灾害遥感数据产品；

子级 5（L5_5）：由 L0 到 L4 级数据经影像变换的灾害遥感数据产品；

子级 6（L5_6）：由 L0 到 L4 级数据经三维重建的灾害遥感数据产品。

（7）6 级（L6）

灾害信息产品。在 L4 级到 L5 级数据级指标基础上，通过解译、参数反演等信息处理与集成手段获取的灾害信息，分为 3 个子级。

子级 1（L6_1）：承灾体信息产品。基于遥感影像提取承灾体分布、属性、状态的信息产品，主要包括 4 个扩充级。

扩充级（L6_1_1）：农作物分布及状态信息产品；

扩充级（L6_1_2）：房屋分布及属性信息产品；

扩充级（L6_1_3）：交通 / 水利等基础设施分布及属性信息产品；

扩充级（L6_1_4）：其他承灾体分布、属性及状态信息产品。

子级 2（L6_2）：孕灾环境信息产品。由目视解译、参数反演获取等方法获取的孕灾环境分布及状态信息，主要包括 2 个扩充级。

扩充级（L6_2_1）：灾害自然环境信息产品（气象、植被、土壤、水体等信息提取产品）；

扩充级（L6_2_2）：灾害人文环境信息产品（防汛、抗旱设施分布等信息提取产品）。

子级 3（L6_3）：致灾因子信息产品。基于遥感影像提取的各灾种致灾因子范围及强度信息产品，主要包括 4 个扩充级。

扩充级（L6_3_1）：干旱灾害致灾因子信息产品；

扩充级（L6_3_2）：台风灾害致灾因子信息产品；

扩充级（L6_3_3）：洪涝灾害致灾因子信息产品；

扩充级（L6_3_4）：其他灾害致灾因子信息产品。

（8）7 级（L7）

灾害专题产品。在 L6 级灾害信息产品基础上，通过时序变化分析，提取灾害目标异常信息，并基于灾害系统理论及评估模型，形成可服务于减灾救灾各项工作环节的专题产品。主要分为 3 个子级。

子级 1（L7_1）：监测与预评估专题产品。

扩充级（L7_1_1）：灾害子系统监测专题产品；

扩充级（L7_1_2）：灾害风险评估专题产品；

扩充级（L7_1_3）：灾害损失预评估专题产品。

子级 2（L7_2）：损失评估专题产品。

扩充级（L7_2_1）：灾害范围评估专题产品；

扩充级（L7_2_2）：毁损实物量评估专题产品；

扩充级（L7_2_3）：灾害损失综合评估专题产品。

子级 3（L7_3）：恢复重建监测专题产品。

扩充级（L7_3_1）：房屋恢复重建监测专题产品；

扩充级（L7_3_2）：交通 / 水体等基础设施恢复重建监测专题产品；

扩充级（L7_3_3）：其他承灾体恢复重建监测专题产品。

表 1　基于遥感的灾害监测与评估产品分级标识

<table>
<tr><th colspan="2">级别</th><th>级别标识</th><th colspan="2">子级标识</th></tr>
<tr><td>0 级产品</td><td>0 级</td><td>L0</td><td colspan="2">—</td></tr>
<tr><td rowspan="11">数据产品</td><td rowspan="2">1 级</td><td rowspan="2">L1</td><td>子级 1</td><td>L1_1</td></tr>
<tr><td>子级 2</td><td>L1_2</td></tr>
<tr><td>2 级</td><td>L2</td><td colspan="2">—</td></tr>
<tr><td>3 级</td><td>L3</td><td colspan="2">—</td></tr>
<tr><td>4 级</td><td>L4</td><td colspan="2">—</td></tr>
<tr><td rowspan="6">5 级</td><td rowspan="6">L5</td><td>子级 1</td><td>L5_1</td></tr>
<tr><td>子级 2</td><td>L5_2</td></tr>
<tr><td>子级 3</td><td>L5_3</td></tr>
<tr><td>子级 4</td><td>L5_4</td></tr>
<tr><td>子级 5</td><td>L5_5</td></tr>
<tr><td>子级 6</td><td>L5_6</td></tr>
</table>

续表

级别		级别标识	子级标识	
信息产品	6 级	L6	子级 1	L6_1
			子级 2	L6_2
			子级 3	L6_3
专题产品	7 级	L7	子级 1	L7_1
			子级 2	L7_2
			子级 3	L7_3

附录 A 干旱灾害遥感产品分级体系

（资料性附录）

A.1 概述

依据基于灾害遥感产品分级体系，结合干旱灾害特性与遥感技术特点，建立干旱灾害遥感产品分级体系，有助于干旱灾害遥感监测与评估的业务化运行。

A.2 干旱灾害遥感产品分级规则

A.2.1 0 级（L0）

L0 级数据是指按条带、按景或按区域分发的经过解压格式、压缩处理的原始数据产品。

A.2.2 1 级（L1）

辐射校正数据产品。由 L0 级数据经过辐射校正的数据影像，可根据辐射校正处理程度分为 2 个子级。

子级 1（L1_1）：经过绝对辐射校正的数据；

子级 2（L1_2）：经过相对辐射校正的数据。

A.2.3 2级（L2）

几何校正数据产品。在L0级到L1级数据产品基础上，对数据进行系统几何校正，并将校正后的图像映射到指定格式的地图投影坐标下的产品数据。

A.2.4 3级（L3）

几何精校正数据产品。在L0到L2级数据产品基础上，利用卫星精轨数据和地面控制点，对图像进行几何精校正。

A.2.5 4级（L4）

正射校正数据产品。在L0到L3级数据产品基础上，利用卫星精轨数据、地面控制点和地面高程模型，对图像进行正射校正。

A.2.6 5级（L5）

在L0到L4级数据的基础上，结合灾害遥感监测评估应用需求，经融合、增强等专业数据集成处理得到的服务于灾害遥感信息提取与挖掘的数据产品，可根据处理程度细分为子级和扩充级。

按照影像融合程度划分子级1—3。

子级1（L5_1）：由L0到L4级数据经像素级融合的灾害遥感数据产品；

子级2（L5_2）：由L0到L4级数据经特征级融合的灾害遥感数据产品；

子级3（L5_3）：由L0到L4级数据经决策级融合的灾害遥感数据产品。

按照数据增强方式差异划分子级4—6。

子级4（L5_4）：由L0到L4级数据经影像滤波的灾害遥感数据产品；

子级5（L5_5）：由L0到L4级数据经影像变换的灾害遥感数据产品；

子级6（L5_6）：由L0到L4级数据经三维重建的灾害遥感数据产品。

A.2.7 6级（L6）

干旱灾害信息产品。在L4级到L5级数据级指标基础上，通过解译、参数反演等信息处理与集成手段获取的灾害信息，分为3个子级。

子级1（L6_1）：干旱灾害承灾体信息产品。基于遥感影像提取承灾体分布、属性、状态的信息产品，主要包括3个扩充级。

扩充级（L6_1_1）：农作物分布及状态信息产品；

扩充级（L6_1_2）：牧草分布及状态信息产品；

扩充级（L6_1_3）：其他承灾体分布、属性及状态信息产品。

子级 2（L6_2）：干旱灾害孕灾环境信息产品。由目视解译、参数反演获取等方法获取的孕灾环境分布及状态信息，主要包括 2 个扩充级。

扩充级（L6_2_1）：干旱灾害自然环境信息产品；

扩充级（L6_2_2）：干旱灾害人文环境信息产品。

子级 3（L6_3）：干旱灾害致灾因子信息产品。基于遥感影像提取的各灾种致灾因子范围及强度信息产品，主要包括 5 个扩充级。

扩充级（L6_3_1）：土壤墒情信息产品；

扩充级（L6_3_2）：植被长势与水分变化信息产品；

扩充级（L6_3_3）：云层覆盖信息产品；

扩充级（L6_3_4）：温度变化信息产品；

扩充级（L6_3_5）：其他类信息产品。

A.2.8 7 级（L7）

干旱灾害专题产品。在 L6 级灾害信息产品基础上，通过时序变化分析，提取灾害目标异常信息，并基于灾害系统理论及评估模型，形成可服务于减灾救灾各项工作环节的专题产品。主要分为 3 个子级。

子级 1（L7_1）：监测与预评估专题产品。

扩充级（L7_1_1）：干旱灾害子系统监测专题产品；

扩充级（L7_1_2）：干旱灾害风险评估专题产品；

扩充级（L7_1_3）：干旱灾害损失预评估专题产品。

子级 2（L7_2）：损失评估专题产品。

扩充级（L7_2_1）：灾害范围评估专题产品；

扩充级（L7_2_2）：毁损实物量评估专题产品；

扩充级（L7_2_3）：灾害损失综合评估专题产品。

子级 3（L7_3）：恢复重建监测专题产品。

扩充级（L7_3_1）：农作物恢复监测专题产品；

扩充级（L7_3_2）：牧草恢复监测专题产品；

扩充级（L7_3_3）：生态环境恢复监测专题产品；

扩充级（L7_3_4）：其他承灾体恢复重建监测专题产品。

附录B 洪涝灾害遥感产品分级体系

（资料性附录）

B.1 概述

依据基于灾害遥感产品分级体系，结合洪涝灾害特性与遥感技术特点，建立洪涝灾害遥感产品分级体系，有助于洪涝灾害遥感监测与评估的业务化运行。

B.2 洪涝灾害遥感产品分级规则

B.2.1 0级（L0）

L0级数据是指按条带、按景或按区域分发的经过解压格式、压缩处理的原始数据产品。

B.2.2 1级（L1）

辐射校正数据产品。由L0级数据经过辐射校正的数据影像，可根据辐射校正处理程度分为2个子级。

子级1（L1_1）：经过绝对辐射校正的数据；

子级2（L1_2）：经过相对辐射校正的数据。

B.2.3 2级（L2）

几何校正数据产品。在L0级到L1级数据产品基础上，对数据进行系统几何校正，并将校正后的图像映射到指定格式的地图投影坐标下的产品数据。

B.2.4 3级（L3）

几何精校正数据产品。在L0到L2级数据产品基础上，利用卫星精轨数据和地面控制点，对图像进行几何精校正。

B.2.5 4级（L4）

正射校正数据产品。在L0到L3级数据产品基础上，利用卫星精轨数据、地面控制点和地面高程模型，对图像进行正射校正。

B.2.6 5级（L5）

在L0到L4级数据的基础上，结合灾害遥感监测评估应用需求，经融合、增强等专业数据集成处理得到的服务于灾害遥感信息提取与挖掘的数据产品，可根据处理程度细分形成子级和扩充级。

按照影像融合程度划分子级1—3。

子级1（L5_1）：由L0到L4级数据经像素级融合的灾害遥感数据产品；

子级2（L5_2）：由L0到L4级数据经特征级融合的灾害遥感数据产品；

子级3（L5_3）：由L0到L4级数据经决策级融合的灾害遥感数据产品。

按照数据增强方式差异划分子级4—6。

子级4（L5_4）：由L0到L4级数据经影像滤波的灾害遥感数据产品；

子级5（L5_5）：由L0到L4级数据经影像变换的灾害遥感数据产品；

子级6（L5_6）：由L0到L4级数据经三维重建的灾害遥感数据产品。

B.2.7 6级（L6）

洪涝灾害信息产品。在L4级到L5级数据级指标基础上，通过解译、参数反演等信息处理与集成手段获取的灾害信息，分为3个子级。

子级1（L6_1）：洪涝灾害承灾体信息产品。基于遥感影像提取承灾体分布、属性、状态的信息产品，主要包括4个扩充级。

扩充级（L6_1_1）：农作物分布及状态信息产品；

扩充级（L6_1_2）：房屋分布及状态信息产品；

扩充级（L6_1_3）：基础设施分布及状态信息产品；

扩充级（L6_1_4）：其他承灾体分布、属性及状态信息产品。

子级2（L6_2）：洪涝灾害孕灾环境信息产品。由目视解译、参数反演获取等方法获取的孕灾环境分布及状态信息，主要包括2个扩充级。

扩充级（L6_2_1）：洪涝灾害自然环境信息产品；

扩充级（L6_2_2）：洪涝灾害人文环境信息产品。

子级3（L6_3）：洪涝灾害致灾因子信息产品。基于遥感影像提取的各灾种致灾因子范围及强度信息产品，主要包括2个扩充级。

扩充级（L6_3_1）：洪水淹没范围与历时产品；

扩充级（L6_3_2）：内涝范围及历时产品。

B.2.8　7 级（L7）

洪涝灾害专题产品。在 L6 级灾害信息产品基础上，通过时序变化分析，提取灾害目标异常信息，并基于灾害系统理论及评估模型，形成可服务于减灾救灾各项工作环节的专题产品。主要分为 3 个子级。

子级 1（L7_1）：监测与预评估专题产品。

扩充级（L7_1_1）：洪涝灾害子系统监测专题产品；

扩充级（L7_1_2）：洪涝灾害风险评估专题产品；

扩充级（L7_1_3）：洪涝灾害损失预评估专题产品。

子级 2（L7_2）：损失评估专题产品。

扩充级（L7_2_1）：灾害范围评估专题产品；

扩充级（L7_2_2）：毁损实物量评估专题产品；

扩充级（L7_2_3）：灾害损失综合评估专题产品。

子级 3（L7_3）：恢复重建监测专题产品。

扩充级（L7_3_1）：农作物恢复监测专题产品；

扩充级（L7_3_2）：房屋恢复与重建监测专题产品；

扩充级（L7_3_3）：基础设施恢复与重建监测专题产品；

扩充级（L7_3_4）：生态环境恢复监测专题产品；

扩充级（L7_3_5）：其他承灾体恢复重建监测专题产品。

附录 C　地震灾害遥感产品分级体系

C.1　概述

依据基于灾害遥感产品分级体系，结合地震灾害特性与遥感技术特点，建立地震灾害遥感产品分级体系，有助于地震灾害遥感监测与评估的业务化运行。

C.2 地震灾害遥感产品分级规则

C.2.1 0 级（L0）

L0 级数据是指按条带、按景或按区域分发的经过解压格式、压缩处理的原始数据产品。

C.2.2 1 级（L1）

辐射校正数据产品。由 L0 级数据经过辐射校正的数据影像，可根据辐射校正处理程度分为 2 个子级。

子级 1（L1_1）：经过绝对辐射校正的数据；

子级 2（L1_2）：经过相对辐射校正的数据。

C.2.3 2 级（L2）

几何校正数据产品。在 L0 级到 L1 级数据产品基础上，对数据进行系统几何校正，并将校正后的图像映射到指定格式的地图投影坐标下的产品数据。

C.2.4 3 级（L3）

几何精校正数据产品。在 L0 到 L2 级数据产品基础上，利用卫星精轨数据和地面控制点，对图像进行几何精校正。

C.2.5 4 级（L4）

正射校正数据产品。在 L0 到 L3 级数据产品基础上，利用卫星精轨数据、地面控制点和地面高程模型，对图像进行正射校正。

C.2.6 5 级（L5）

在 L0 到 L4 级数据的基础上，结合灾害遥感监测评估应用需求，经融合、增强等专业数据集成处理得到的服务于灾害遥感信息提取与挖掘的数据产品，可根据处理程度细分为子级和扩充级。

按照影像融合程度划分子级 1—3。

子级 1（L5_1）：由 L0 到 L4 级数据经像素级融合的灾害遥感数据产品；

子级 2（L5_2）：由 L0 到 L4 级数据经特征级融合的灾害遥感数据产品；

子级 3（L5_3）：由 L0 到 L4 级数据经决策级融合的灾害遥感数据产品。

按照数据增强方式差异划分子级 4—6。

子级 4（L5_4）：由 L0 到 L4 级数据经影像滤波的灾害遥感数据产品；

子级 5（L5_5）：由 L0 到 L4 级数据经影像变换的灾害遥感数据产品；

子级 6（L5_6）：由 L0 到 L4 级数据经三维重建的灾害遥感数据产品。

C.2.7　6 级（L6）

地震灾害信息产品。在 L4 级到 L5 级数据级指标基础上，通过解译、参数反演等信息处理与集成手段获取的灾害信息，分为 3 个子级。

子级 1（L6_1）：地震灾害承灾体信息产品。基于遥感影像提取承灾体分布、属性、状态的信息产品，主要包括 4 个扩充级。

扩充级（L6_1_1）：农作物分布及状态信息产品；

扩充级（L6_1_2）：房屋分布及状态信息产品；

扩充级（L6_1_3）：基础设施分布及状态信息产品；

扩充级（L6_1_4）：其他承灾体分布、属性及状态信息产品。

子级 2（L6_2）：地震灾害孕灾环境信息产品。由目视解译、参数反演获取等方法获取的孕灾环境分布及状态信息，主要包括 2 个扩充级。

扩充级（L6_2_1）：地震灾害自然环境信息产品；

扩充级（L6_2_2）：地震灾害人文环境信息产品。

子级 3（L6_3）：地震灾害致灾因子信息产品。基于遥感影像提取的各灾种致灾因子范围及强度信息产品。

C.2.8　7 级（L7）

地震灾害专题产品。在 L6 级灾害信息产品基础上，通过时序变化分析，提取灾害目标异常信息，并基于灾害系统理论及评估模型，形成可服务于减灾救灾各项工作环节的专题产品。主要分为 3 个子级。

子级 1（L7_1）：监测与预评估专题产品。

扩充级（L7_1_1）：地震灾害子系统监测专题产品；

扩充级（L7_1_2）：地震灾害风险评估专题产品；

扩充级（L7_1_3）：地震灾害损失预评估专题产品。

子级 2（L7_2）：损失评估专题产品。

扩充级（L7_2_1）：灾害范围评估专题产品；

扩充级（L7_2_2）：毁损实物量评估专题产品；

扩充级（L7_2_3）：灾害损失综合评估专题产品。

子级 3（L7_3）：恢复重建监测专题产品。

扩充级（L7_3_1）：农作物恢复监测专题产品；

扩充级（L7_3_2）：房屋恢复与重建监测专题产品；

扩充级（L7_3_3）：基础设施恢复与重建监测专题产品；

扩充级（L7_3_4）：生态环境恢复监测专题产品；

扩充级（L7_3_5）：其他承灾体恢复重建监测专题产品。

参考文献

1. Allan, R. P., Slingo, A., Milton, S. F., et al.: "Exploitation of Geostationary Earth Radiation Budget data using simulations from a numerical weather prediction model: Methodology and data validation", *Journal of Geophysical Research*, 2005 (D14).
2. Barnsley, M. J., Hobson, P. D., Hyman, A. H. et al.: "Characterizing the spatial variability of broadband albedo in a semidesert environment for MODIS validation", *Remote sensing of Environment*, 2000 (1).
3. Biggar, S. F., Dinguirard, M. C., Gellman, D. I., et al.. Radiometric calibration of SPOT 2 HRV: a comparison of three methods[C]. Calibration of Passive Remote Observing Optical and Microwave Instrumentation. International Society for Optics and Photonics, 1991.
4. Caetano, M., Araújo, A.: "Comparing land cover products CLC2000 and MOD12Q1 for Portugal", *Global developments in environmental earth observation from space*, 2005.
5. Campbell, G., Phinn, S. R., Daniel, P.: "The specific inherent optical properties of three sub-tropical and tropical water reservoirs in Queensland, Australia", *Hydrobiologia*, 2011(1).
6. Casti, J. L.: "Would-be worlds: How simulation is changing the frontiers of science", *John Wiley & Sons, Inc.*, 1997.
7. Ceccato, P., Flasse, S. P., Gregoire, J. M.: "Designing a spectral index to estimate vegetation water content from remote sensing data: Part 2. Validation and applications", *Remote Sensing of Environment*, 2002 (2-3).
8. Che, N., Price, J. C.: "Survey of radiometric calibration results and methods for visible and near infrared channels of NOAA-7, -9, and-11 AVHRRs", *Remote Sensing of Environment*, 1992(1).
9. Coll, C., Caselles, V., Galve, J. M., et al.: "Ground measurements for the validation of land surface temperatures derived from AATSR and MODIS data", *Remote sensing of Environment*, 2005(3).

10. Coll, C., Galve, J. M., Sanchez, J. M., et al.: "Validation of Landsat-7/ETM+ thermal-band calibration and atmospheric correction with ground-based measurements", *IEEE Transactions on Geoscience and Remote Sensing*, 2010 (1).

11. Foody, G. M., Atkinson, P. M.: "Uncertainty in Remote Sensing and GIS", *John Wiley & Sons, Inc.*, 2002.

12. Friedl, M. A., Mclver, D. K., Hodges, J. C. F., et al. : "Global land cover mapping from MODIS: algorithms and early results", *Remote Sensing of Environment*, 2002 (1-2).

13. Garrigues, S., Lacaze, R., Baret, F., et al.: "Validation and intercomparison of global Leaf Area Index products derived from remote sensing data", *Journal of Geophysical Research*, 2008(G2).

14. Ge, Y., Wang, J. H., Heuvelink, G. B. M., et al.: "Sampling design optimization of a wireless sensor network for monitoring ecohydrological processes in the Babao River basin, China", *International Journal of Geographical Information Science*, 2015 (1).

15. Glass, G. V.: "Primary, secondary, and meta-analysis of research", *Educational researcher*, 1976(10).

16. Goovaerts, P.: "Geostatistics for natural resources evaluation", *Oxford University Press*, 1997.

17. Gower, S. T., Kucharik, C. J., Norman, J. M.: " Direct and indirect estimation of leaf area index, f APAR, and net primary production of terrestrial ecosystems", *Remote Sensing of Environment*, 1999 (1).

18. Hall, D. K., Li, S., Nolin, A. W., et al.: "Pre-launch validation activities for the MODIS snow and sea ice algorithms", *Earth Observer*, 1999(4).

19. Hall, D. K., Riggs, G. A., Salomonson, V. V., et al.: "MODIS snow-cover products", *Remote sensing of Environment*, 2002 (1-2).

20. Hirano, A., Welch, R., Lang, H.: "Mapping from ASTER stereo image data: DEM validation and accuracy assessment", *ISPRS Journal of Photogrammetry and Remote Sensing*, 2003 (5-6).

21. Hoekman, D. H., Vissers, M. A. M., Wielaard, N.: "PALSAR Wide-Area Mapping of Borneo: Methodology and Map Validation", *IEEE Journal of Selected Topics in Applied Earth Observations and Remote Sensing*, 2010 (4).

22. Huete, A. R., Didan, K., Leeuwen, W. V.: "MODIS vegetation index (MOD13)", *Algorithm theoretical basis document*, 1999 (4).

23. Huete, A., Didan, K., Miura, T., et al.: "Overview of the radiometric and biophysical

performance of the MODIS vegetation indices", *Remote sensing of environment*, 2002 (1-2).

24. Hufkens, K., Bogaert, J., Dong, Q. H, et al.: "Impacts and uncertainties of upscaling of remote-sensing data validation for a semi-arid woodland", *Journal of Arid Environments*, 2008(8).
25. International CHARTER [EB/OL]. [2019-05-15]. https://www.disasterscharter.org/web/guest/home.
26. Janati, M., Soulaimani, A., Admou, H., et al.: "Application of ASTER remote sensing data to geological mapping of basement domains in arid regions: a case study from the Central Anti-Atlas, Iguerda inlier, Morocco", *Arabian Journal of Geosciences*, 2014(6).
27. Jin, Y. F., Schaaf, C. B., Woodcock, C. E., et al.: "Consistency of MODIS surface bidirectional reflectance distribution function and albedo retrievals: 2.Validation", *Journal of Geophysical Research*, 2003(D5).
28. Justice, C. O., Giglio, L., Korontzi, S., et al.: "The MODIS fire products", *Remote Sensing of Environment*, 2002 (1-2).
29. Justice, C. O., Belward, A., Morisette, J. T., et al.: "Developments in the 'validation' of satellite sensor products for the study of the land surface", *International Journal of Remote Sensing*, 2000(17).
30. Justice, C., Starr, D., Wickland, D., et al.: "EOS land validation coordination: an update", *Earth Observer*, 1998 (3).
31. Kang, J., Li, X., Jin, R., et al.: "Hybrid optimal design of the eco-hydrological wireless sensor network in the middle reach of the Heihe River Basin, China.", *Sensors*, 2014 (10).
32. Li, X., Pichel, W., Clemente-Colon, P., et al.: "Validation of coastal sea and lake surface temperature measurements derived from NOAA/AVHRR data", *International Journal of Remote Sensing*, 2001 (7).
33. Magliocca, N. R., Van, Vliet. J., Brown, C., et al.: "From meta-studies to modeling: Using synthesis knowledge to build broadly applicable process-based land change models", *Environmental Modelling & Software*, 2015(10).
34. Mladenova, I., Lakshmi, V., Walker, J. P., et al.: "Validation of the ASAR global monitoring mode soil moisture product using the NAFE'05 data set", *IEEE Transactions on Geoscience and Remote Sensing*, 2010(6).
35. Mantas, V. M., Liu, Z., Caro, C., et al.: "Validation of TRMM multi-satellite precipitation analysis (TMPA) products in the Peruvian Andes", *Atmospheric Research*,

2015(9).

36. Morisette, J. T., Baret, F., Privette, J. L., et al.: "Validation of global moderate-resolution LAI products: A framework proposed within the CEOS land product validation subgroup", *IEEE Transactions on Geoscience and Remote Sensing*, 2006 (7).
37. Morisette, J. T., Giglio, L., Csiszar, I. et al.:"Validation of the MODIS active fire product over Southern Africa with ASTER data", *International Journal of Remote Sensing*, 2005 (19).
38. Morisette, J. T., Privette, J. L., Justice, C. O. : "A framework for the validation of MODIS Land products", *Remote Sensing of Environment*, 2002 (1-2).
39. Mouillot, F., Schultz, M. G., Yue, C., et al.: "Ten years of global burned area products from spaceborne remote sensing—A review: Analysis of user needs and recommendations for future developments", *International Journal of Applied Earth Observation and Geoinformation*, 2014, 26.
40. Muchoney, D., Strahler, A., Hodges, J., et al. : "The IGBP DISCover confidence sites and the system for terrestrial ecosystem parameterization: Tools for validating global land-cover data", *Photogrammetric Engineering and Remote Sensing*, 1999 (9).
41. Myneni, R. B., Hoffman, S., Knyazikhin, Y., et al.: "Global products of vegetation leaf area and fraction absorbed PAR from year one of MODIS data", *Remote Sensing of Environment*, 2002 (1-2).
42. Olson, R. J., Briggs, J. M., Porter, J. H., et al.: "Managing data from multiple disciplines, scales, and sites to support synthesis and modeling", *Remote sensing of environment,* 1999 (1).
43. Privette, J. L, Myneni, R. B, Morisette, J. T, et al.: "Global validation of EOS LAI and FPAR products", *Earth Observer*, 1998 (6).
44. Reale, T., Sun, B., Tilley, F. H., et al.: "The NOAA Products Validation System (NPROVS)", *Journal of Atmospheric and Oceanic Technology*, 2012 (5).
45. Reich, P. B., Turner, D. P., Bolstad, P.: "An approach to spatially distributed modeling of net primary production (NPP) at the landscape scale and its application in validation of EOS NPP products", *Remote Sensing of Environment*, 1999 (1).
46. Remer, L. A., Kaufman, Y, J., Tanré, D., et al.: "The MODIS aerosol algorithm, products, and validation", *Journal of the atmospheric sciences*, 2005 (4).
47. Running, S. W., Baldocchi, D. D., Turner, D. P., et al.: "A global terrestrial monitoring network integrating tower fluxes, flask sampling, ecosystem modeling and EOS satellite data", *Remote Sensing of Environment*, 1999 (1).
48. Schaaf, C. B., Gao, F., Strahler, A. H., et al.: "First operational BRDF, albedo nadir

reflectance products from MODIS", *Remote Sensing of Environment*, 2002 (1-2).

49. Schott, J. R., "Remote Sensing: The Image Chain Approach", *New York: Oxford University Press*, 1997.
50. Schumacher, C., Houze, R. A.: "Comparison of radar data from the TRMM satellite and Kwajalein Oceanic validation site", *Journal of Applied Meteorology*, 2000 (12).
51. Sriwongsitanon, N., Surakit, K., Thianpopirug, S.:"Influence of atmospheric correction and number of sampling points on the accuracy of water clarity assessment using remote sensing application", *Journal of Hydrology*, 2011(3-4).
52. Steffen, K., Schweiger, A.: " A multisensor approach to sea ice classification for the validation of DMSP-SSM/I passive microwave derived sea ice products", *Photogrammetric Engineering and Remote Sensing*, 1990 (1).
53. Thome, K., Markham, B., Barker, J., et al.: "Radiometric calibration of Landsat", *Photogrammetric Engineering and Remote Sensing*, 1997(7).
54. Tucker, C. J., Pinzon, J. E., Brown, M. E., et al.: "An extended AVHRR 8 - km NDVI dataset compatible with MODIS and SPOT vegetation NDVI data", *International Journal of Remote Sensing*, 2005 (20).
55. Uddin, K., Gurung, D. R., Giriraj, A., et al.: "Application of remote sensing and GIS for flood hazard management: a case study from Sindh Province, Pakistan", *American Journal of Geographic Information System*, 2013(1).
56. Wan, Z., Zhang, Y., Zhang, Q., et al.: "Quality assessment and validation of the MODIS global land surface temperature", *International Journal of Remote Sensing*, 2004 (1).
57. Wang, J. H., Ge, Y., Heuvelink, G. B. M., et al.:"Upscaling In Situ Soil Moisture Observations to Pixel Averages with Spatio-Temporal Geostatistics", *Remote Sensing*, 2015(9).
58. Wang, J. H., Ge, Y. Z., Song, Y., et al.: "A Geostatistical Approach to Upscale Soil Moisture With Unequal Precision Observations", *IEEE Geoscience and Remote Sensing Letters*, 2014(12).
59. Wang, Z. Q., Deng, Y., Fan, Y. D.: "Validation plays the role of a 'bridge' in connecting remote sensing research and applications", *Advances in Space Research*, 2018(1).
60. 曹志冬，王劲峰，李连发，等:《地理空间中不同分层抽样方式的分层效率与优化策略》,《地理科学进展》，2008 年第 3 期。
61. 陈伟涛，和海霞，杨思全，等:《重大自然灾害房屋倒塌程度高分辨率遥感识别方法 : 以舟曲特大泥石流灾害为例》,《地质科技情报》，2014 年第 6 期。

62. 丁艳玲:《植被覆盖度遥感估算及其真实性检验研究》，博士学位论文，中国科学院大学（中国科学院东北地理与农业生态研究所），2015。

63. 董杰，贾学锋:《全球气候变化对中国自然灾害的可能影响》，《聊城大学学报（自然科学版）》，2004 年第 2 期。

64. 范一大，杨思全，王磊，等:《汶川地震应急监测评估方法研究》，《遥感学报》，2008 年第 6 期。

65. 冯筠，高峰，孙成权:《遥感技术在全球变化研究中的应用》，《遥感技术与应用》，2001 年第 4 期。

66. 冯强，田国良，王昂生，等:《基于植被状态指数的全国干旱遥感监测试验研究（Ⅱ）—— 干旱遥感监测模型与结果分析部分》，《干旱区地理》，2004 年第 4 期。

67. 高彩霞，姜小光，马灵玲，等:《传感器交叉辐射定标综述》，《干旱区地理》，2013 年第 1 期。

68. 高海亮，顾行发，余涛，等:《基于内蒙试验场地的定标系数真实性检验方法研究与不确定性分析》，《中国科学 : 地球科学》，2013 年第 2 期。

69. 巩慧，田国良，余涛，等:《HJ-1 星 CCD 相机场地辐射定标与真实性检验研究》，《遥感技术与应用》，2011 年第 5 期。

70. 巩慧，田国良，余涛，等:《MODIS 可见近红外波段定标与真实性检验》，《北京交通大学学报 : 自然科学版》，2010 年第 1 期。

71. 韩启金，傅俏燕，潘志强，等:《环境一号 B 星红外多光谱相机综合辐射定标》，《中国科学 : 信息科学》，2011 年增刊。

72. 郝鹏宇，牛铮，王力，等:《基于历史时序植被指数库的多源数据作物面积自动提取方法》，《农业工程学报》，2012 年第 23 期。

73. 姜小光，李召良，习晓环，等:《遥感真实性检验系统框架初步构想》，《干旱区地理》，2008 年第 4 期。

74. 晋锐，李新，马明国，等:《陆地定量遥感产品的真实性检验关键技术与试验验证》，《地球科学进展》，2017 年第 6 期。

75. 亢健，晋锐，赵少杰，等:《异质性地表土壤冻融循环监测网络的优化采样设计 —— 以黑河祁连山山前地区为例》，《遥感技术与应用》，2014 年第 5 期。

76. 雷莉萍，刘良云，张丽，等:《汶川地震房屋倒塌的遥感监测与分析》，《遥感学报》，2010 年第 2 期。

77. 李爱农，张正健，雷光斌，等:《四川芦山“4・20”强烈地震核心区灾损遥感快速调查与评估》，《自然灾害学报》，2013 年第 6 期。

78. 李晶晶，覃志豪，唐巍:《农业旱灾遥感监测系统中的 MODIS 1B 影像几何校正方法及其比较研究》,《遥感信息》,2009 年第 2 期。

79. 李新,晋锐,刘绍民,等:《黑河遥感试验中尺度上推研究的进展与前瞻》,《遥感学报》,2016 年第 5 期。

80. 李新,马明国,王建,等:《黑河流域遥感—地面观测同步试验:科学目标与试验方案》,《地球科学进展》,2008 年第 9 期。

81. 李新:《陆地表层系统模拟和观测的不确定性及其控制》,《中国科学:地球科学》,2013 年第 11 期。

82. 林海:《中国全球变化研究的战略思考》,《地学前缘》,1997 年第 1-2 期。

83. 刘睿,孙九林,张金区,等:《中国北方草地覆被的 HJ 星 NDVI 校正研究》,《草业学报》,2011 年第 1 期。

84. 穆博,林明森,彭海龙,等:《HY-2 卫星微波散射计反演风矢量产品真实性检验方法研究》,《中国工程科学》,2014 年第 6 期。

85. 倪绍祥:《论全球变化背景下的自然地理学研究》,《地学前缘》,2002 年第 1 期。

86. 乔世娇,袁飞,王妍,等:《黄河源区近 50 a 极端气候变化趋势分析》,《人民黄河》,2015 年第 5 期。

87. 孙晨曦,刘良云,关琳琳,等:《锡林浩特草原区域 MODIS LAI 产品真实性检验与误差分析》,《遥感学报》,2014 年第 3 期。

88. 王东良,姚小海,孟雷,等:《海洋二号卫星散射计风场产品真实性检验及分析》,《海洋预报》,2014 年第 4 期。

89. 王晋年,顾行发,明涛,等:《遥感卫星数据产品分类分级规则研究》,《遥感学报》,2013 年第 3 期。

90. 吴炳方,邢强:《遥感的科学推动作用与重点应用领域》,《地球科学进展》,2015 年第 7 期。

91. 吴健生,陈莎,彭建:《基于图像阈值法的森林雪灾损失遥感估测 —— 以云南省为例》,《地理科学进展》,2013 年第 6 期。

92. 吴健生,刘浩,彭建,等:《中国城市体系等级结构及其空间格局 —— 基于 DMSP/OLS 夜间灯光数据的实证》,《地理学报》,2014 年第 6 期。

93. 吴小丹,闻建光,肖青,等:《关键陆表参数遥感产品真实性检验方法研究进展》,《遥感学报》,2015 年第 1 期。

94. 吴小丹,肖青,闻建光,等:《遥感数据产品真实性检验不确定性分析研究进展》,《遥感学报》,2014 年第 5 期。

95. 徐保东,李静,柳钦火,等:《地面站点观测数据代表性评价方法研究进展》,《遥感学报》,2015 年第 5 期。

96. 徐焕颖:《基于遥感方法的干旱减灾应用产品真实性检验》,硕士学位论文,西安科技大学，2014。

97. 许妙忠，尹粟，黄小波:《高分辨率卫星影像几何精度真实性检验方法》,《测绘科学技术学报》，2012 年第 4 期。

98. 杨爱霞:《国产光学卫星遥感数据 VNIR 波段交叉辐射定标方法与体系研究》,博士学位论文，中国科学院大学（中国科学院遥感与数字地球研究所），2017。

99. 于贵瑞，张雷明，孙晓敏:《中国陆地生态系统通量观测研究网络（China-FLUX）的主要进展及发展展望》,《地理科学进展》，2014 年第 7 期。

100. 张仁华，田静，李召良，等:《定量遥感产品真实性检验的基础与方法》,《中国科学：地球科学》，2010 年第 2 期。

101. NASA [EB/OL]. [2019-05-15]. http://mcst.gsfc.nasa.gov/.

102. NASA 技术报告服务系统 [EB/OL]. [2019-05-15]. http://ntrs.nasa.gov/search.jsp.

103. NOAA [EB/OL]. [2019-05-15]. http://www.star.nesdis.noaa.gov/icvs/.

104. MODIS 数据介绍 [EB/OL]. [2019-05-15]. http://modis.gsfc.nasa.gov/data/.

105. USGS [EB/OL]. [2019-05-15]. https://www.usgs.gov/land-resources/nli/landsat.

106. 国家航天局航天遥感论证中心 [EB/OL]. [2019-05-15]. http://www.irsa.cas.cn/jgsz/gjjyjjg/gjhtjhtyglzzx/.

107. 国家气象卫星中心 [EB/OL]. [2019-05-15]. https://www.nsmc.org.cn/NSMC/Home/Index.html.

108. 中国资源卫星应用中心 [EB/OL]. [2019-05-15]. http://www.cresda.com/CN/.